U0268404

BIAD 建筑设计指导丛书

结构施工图常见问题图示解析-混凝土结构

北京市建筑设计研究院有限公司　编著

中国建筑工业出版社

图书在版编目(CIP)数据

结构施工图常见问题图示解析-混凝土结构/北京市建筑设计研究院有限公司编著．—北京：中国建筑工业出版社，2018.9（2021.11 重印）
（BIAD 建筑设计指导丛书）
ISBN 978-7-112-22515-6

Ⅰ.①结… Ⅱ.①北… Ⅲ.①混凝土结构-建筑制图-识图 Ⅳ.①TU204.21

中国版本图书馆 CIP 数据核字（2018）第 179159 号

本书是以图集的形式解析问题。以近些年 BIAD 结构施工图审查中发现的问题为素材，精简出常见类问题，配以施工图纸的图片，文字说明问题所在并分析原因。图集依照“结构计算”、“结构布置”、“结构构造”和“设计深度”四个类别进行编制，每个类别以构件分项叙述和解析问题。图集具有针对性和实用性，解析部分深入，且图文并茂。可供结构设计、审图、管理等部门的技术人员参考使用。

* * *

责任编辑：赵梦梅 郭 栋
责任校对：李美娜

BIAD 建筑设计指导丛书
结构施工图常见问题图示解析-混凝土结构
北京市建筑设计研究院有限公司 编著
*
中国建筑工业出版社出版、发行（北京海淀三里河路 9 号）
各地新华书店、建筑书店经销
北京红光制版公司制版
北京中科印刷有限公司印刷
*
开本：880×1230 毫米 横 1/16 印张：7 字数：213 千字
2019 年 4 月第一版 2021 年 11 月第四次印刷
定价：**68.00** 元
ISBN 978-7-112-22515-6
（32594）

《结构施工图常见问题图示解析-混凝土结构》编制成员

编制人 沈　莉　龙亦兵　袁立朴　张京京　张沫洵　马洪步　曲　罡

审核人 陈彬磊

审定人 齐五辉

前　言

本图集对结构施工图常易出现的不符合现行国家有关规范、规程，或设计不够合理、不够完善的做法，采用图文并茂编排方式，指出问题所在并分析原因，在问题解析部分尽可能深入，对设计人员优化设计、避免发生类似错误、提高设计水平具有较重要意义。

《结构施工图常见问题图示解析-混凝土结构》依照“结构计算”、“结构布置”、“结构构造”和“设计深度”四个类别进行编制，每个类别以构件分项叙述和解析问题。

图集的素材均来自实际工程施工图审查记录，图集的成果体系是开放性的，随着收集内容的不断丰富，特别是随着建筑设计水平的发展进步、新标准的推出和新问题的出现，今后再版还将陆续对之进行更新、补充、完善。

鉴于工程的具体情况，解决问题的措施不是唯一的，设计时应根据工程实际情况采取合理的做法，不必拘泥于图集提供的解决措施。图集所示的平面图、详图等均为说明问题的示例，不得作为标准设计套用。

本图集的编排形式直观、内容贴近设计的实际需求，可供结构设计、审图、管理等部门的技术人员参考使用。

欢迎使用者提出意见和建议，以便今后不断修订和完善。

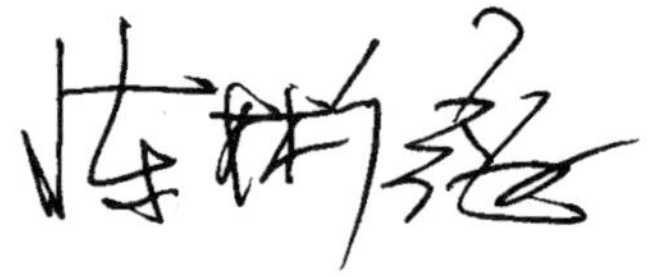

结构总监/总工程师　陈彬磊

2018 年 6 月 20 日

目　录

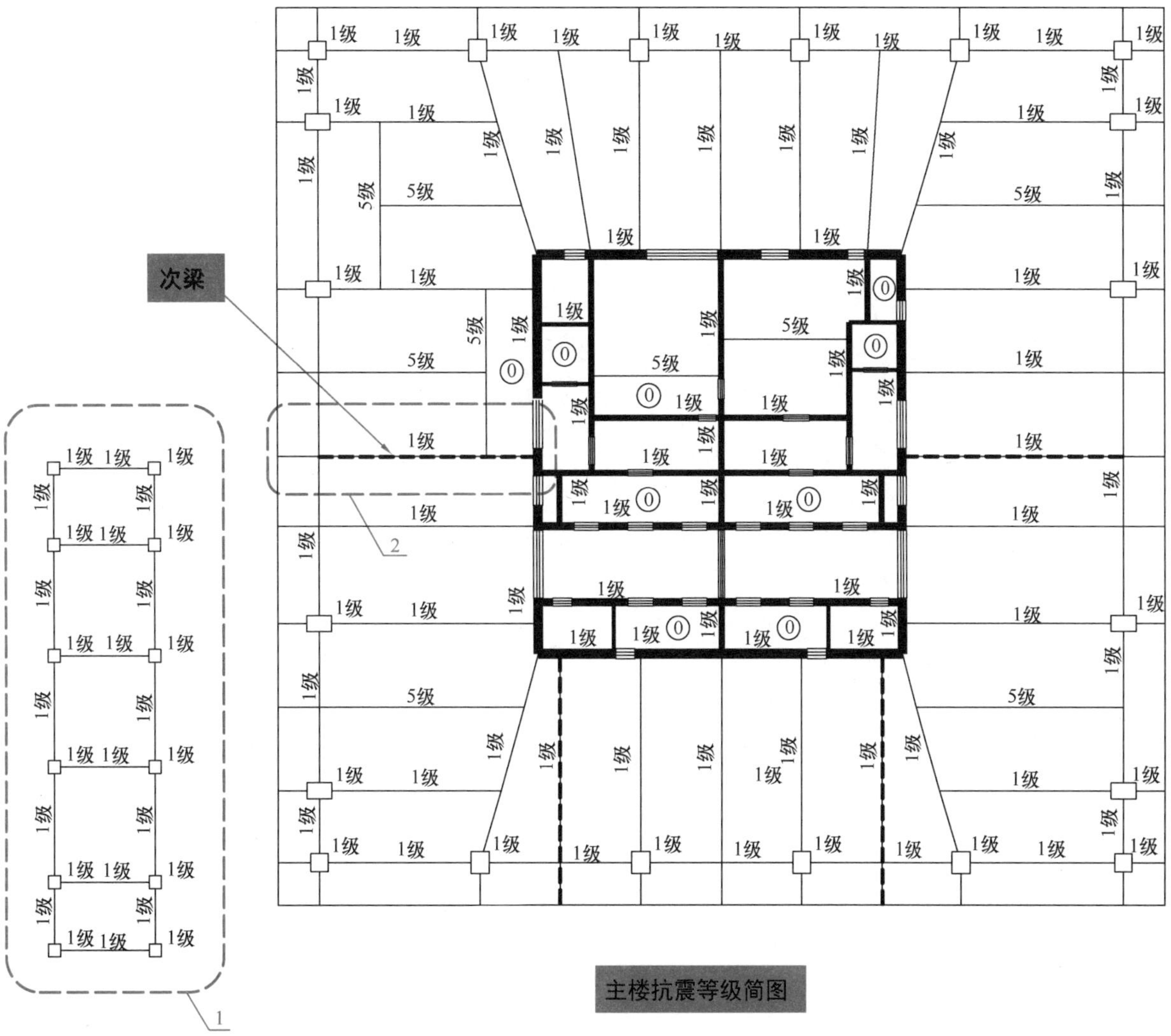

人防防倒塌棚架抗震等级简图

主楼抗震等级简图

【问题说明】

1. 局部出地面人防防倒塌棚架抗震等级应按防倒塌棚架单体制定，同主楼偏于浪费。

2. 图示与墙体平面外相连的次梁为非抗震构件，抗震等级同框架梁偏于浪费。

【问题解析】

1. 抗震等级的高低，体现了对结构抗震性能要求的严格程度,人防防倒塌棚架为单层框架结构，抗震等级应按《建筑抗震设计规范》GB 50011—2010第6.1.2条规定选取。《高层建筑混凝土结构设计规程》JGJ 3—2010 第3.9.6条规定，裙房与主楼分离时，应按裙房本身确定抗震等级。

2. 在地震往复作用下，与剪力墙面内连接的梁于剪力墙端需按抗震延性要求加密箍筋设计，以提高梁端塑性转动能力。图示与墙体平面外相连的次梁配筋可不考虑抗震措施。

结构类型	混凝土结构
问题分类	结构计算. 参数
页码	1.1-1

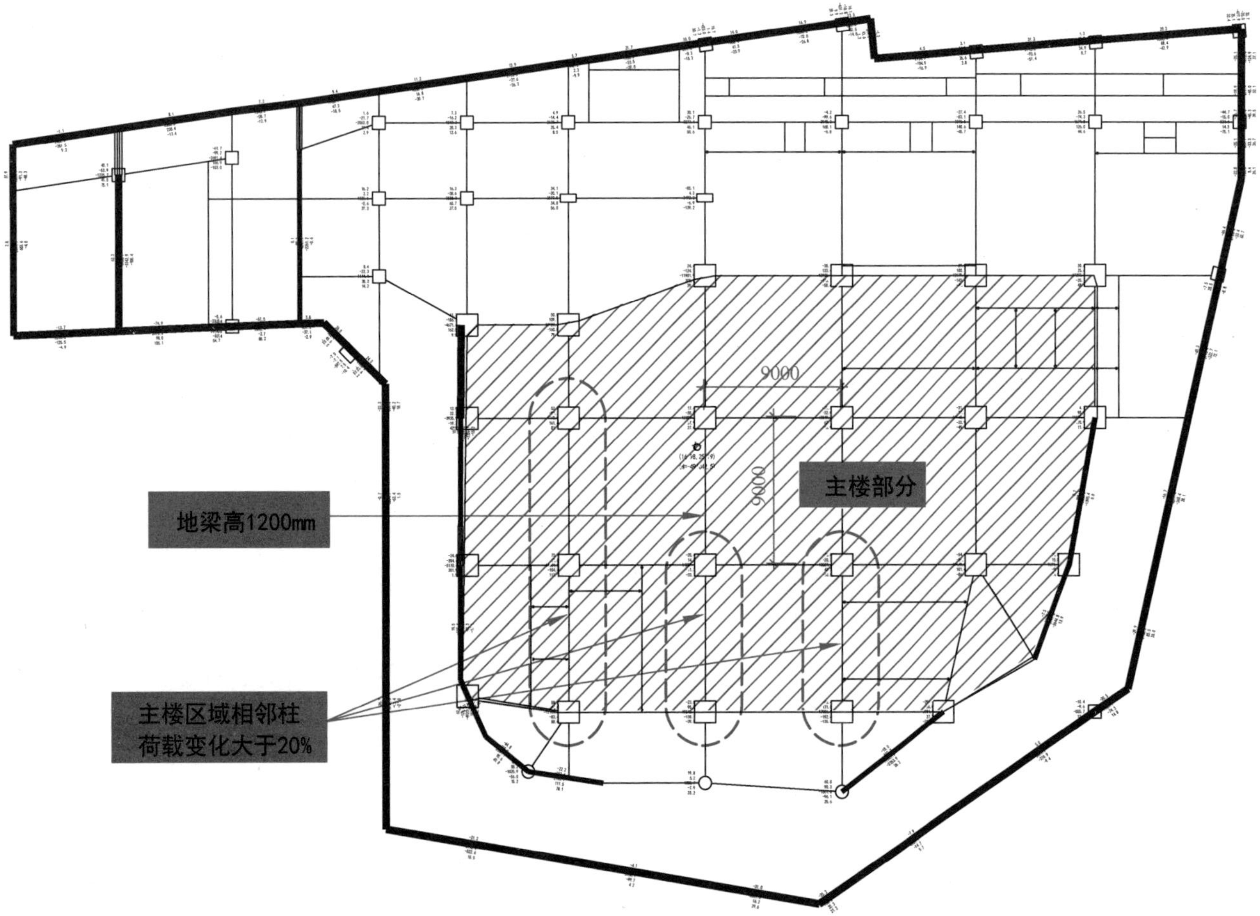

底层柱、墙简图

【问题说明】

图示填充部分为 8 层主楼区域，其他部分为纯地下室区域，主楼上部存在错台及抽柱大空间，地下室各柱底荷载差异较大，基础计算采用“倒楼盖法”误差较大。

【问题解析】

本工程基础计算采用“倒楼盖法”，地梁高跨比 1200/9000＝1/7.5 ＜1/6，图中所示主楼相邻柱荷载变化大于 20%，纯地下部分与地上结构柱荷载差异也大于 20%，不符合《建筑地基基础设计规范》GB 50007—2011第 8.4.14 条有关基础计算采用“倒楼盖法”的条件。应采用弹性地基梁板或其他更为精确的计算方法进行分析计算。

结构类型 混凝土结构	BIAD 结构施工图常见问题解析
问题分类 结构计算. 基础	
页码 1.2-1	北京市建筑设计研究院有限公司

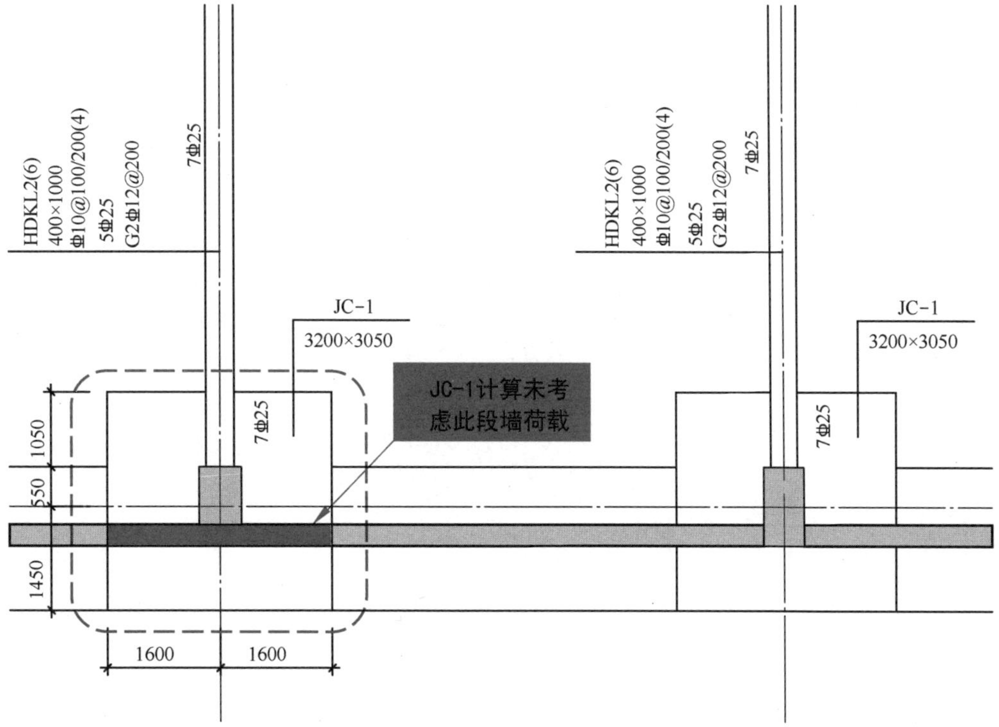

【问题说明】

柱下基础 JC-1 基础面积不足，遗漏图示填色部分墙下荷载。

【问题解析】

图示 JC-1 基础计算未考虑填色段墙荷载，基础面积不足，偏于不安全。

结构类型	
混凝土结构	BIAD 结构施工图 常见问题解析
问题分类	
结构计算. 基础	
页码	
1.2-2	北京市建筑设计研究院有限公司

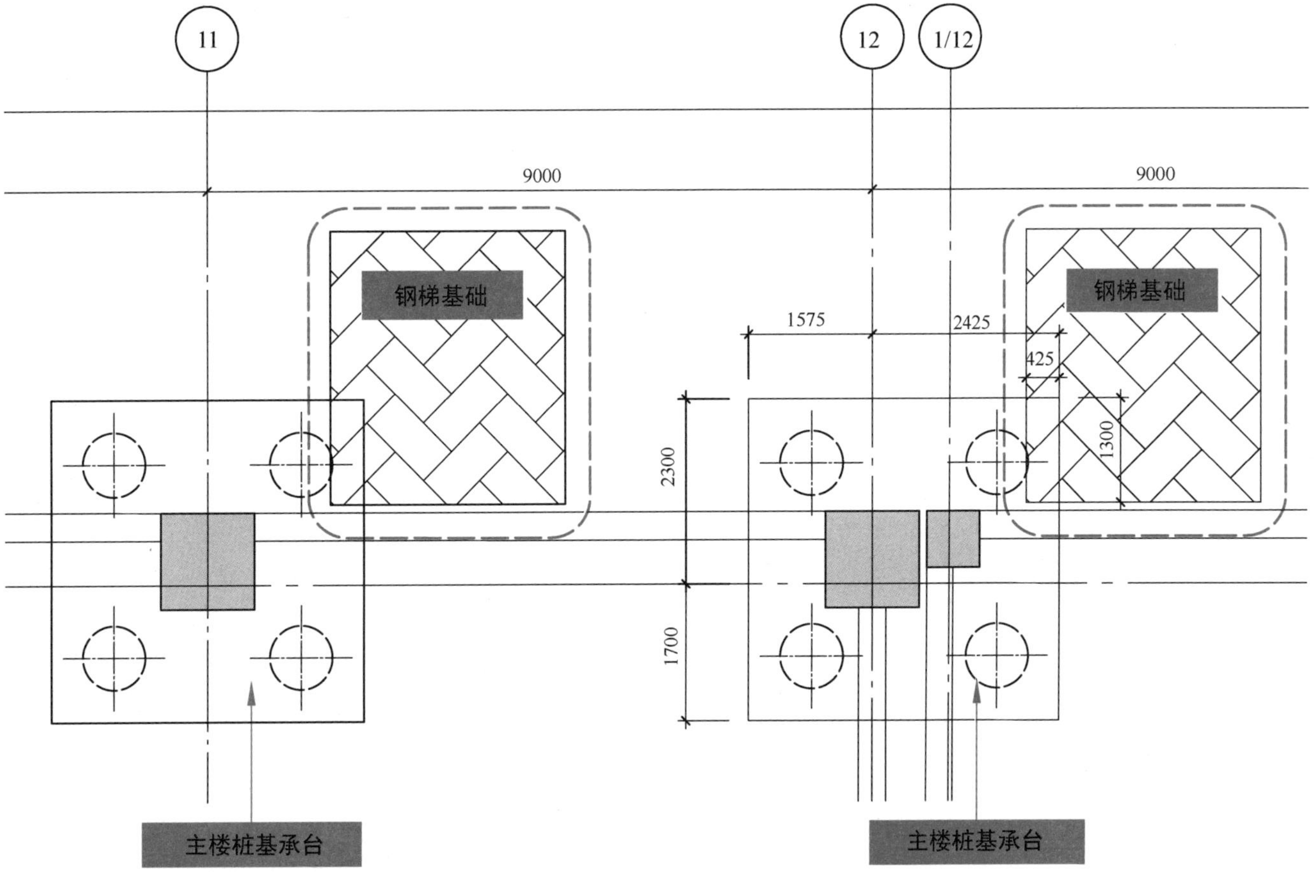

【问题说明】

图示主楼室外钢梯贴近主楼布置，主楼柱下桩基承台较深，室外钢梯基础位于承台顶以上较浅位置，钢梯基础根据勘察报告中相应埋深的土层承载力设计，与实际情况不符。

【问题解析】

主楼承台施工时，承台边一定距离土层已被挖除，待主楼地下施工完成，基槽回填至室外钢梯基础底标高时，方可施工钢梯基础，所以钢梯基础底持力层为基槽回填土，其承载力与勘察报告中相应埋深的土层承载力差别较大。设计时应注明基槽回填土处理措施和技术要求，并根据基槽回填土的承载力设计基础。

结构类型	
混凝土结构	BIAD 结构施工图 常见问题解析
问题分类	
结构计算. 基础	
页码	北京市建筑设计研究院有限公司
1.2-3	

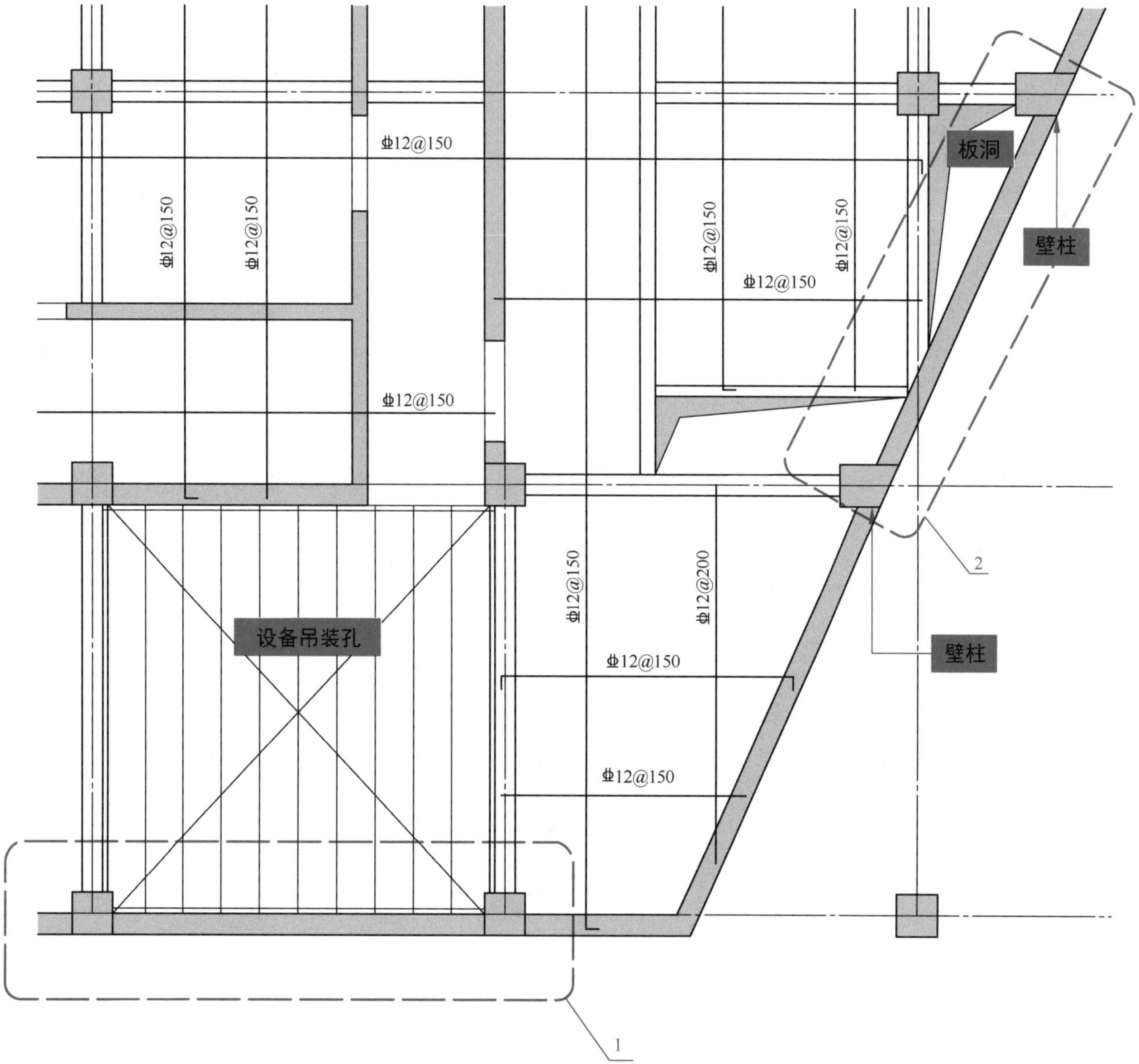

【问题说明】

1. 图示设备吊装孔处地下室外墙计算未考虑设备吊装及维修工况。
2. 内侧楼板开洞处，原设计挡土墙按支撑在两侧壁柱计算，而壁柱设计未考虑挡土墙传来的荷载。

【问题解析】

1. 设备吊装孔处楼板为预制板，设备吊装及维修时将随时打开，不能作为地下室外墙永久支撑，地下室外墙计算应考虑此工况不利影响，按两种工况包络设计。
2. 原设计挡土墙按支撑在两侧壁柱计算，壁柱计算应考虑承受挡土墙传来的荷载，否则偏于不安全。

结构类型	
混凝土结构	BIAD 结构施工图常见问题解析
问题分类	
结构计算. 挡土墙	
页码	北京市建筑设计研究院有限公司
1.3-1	

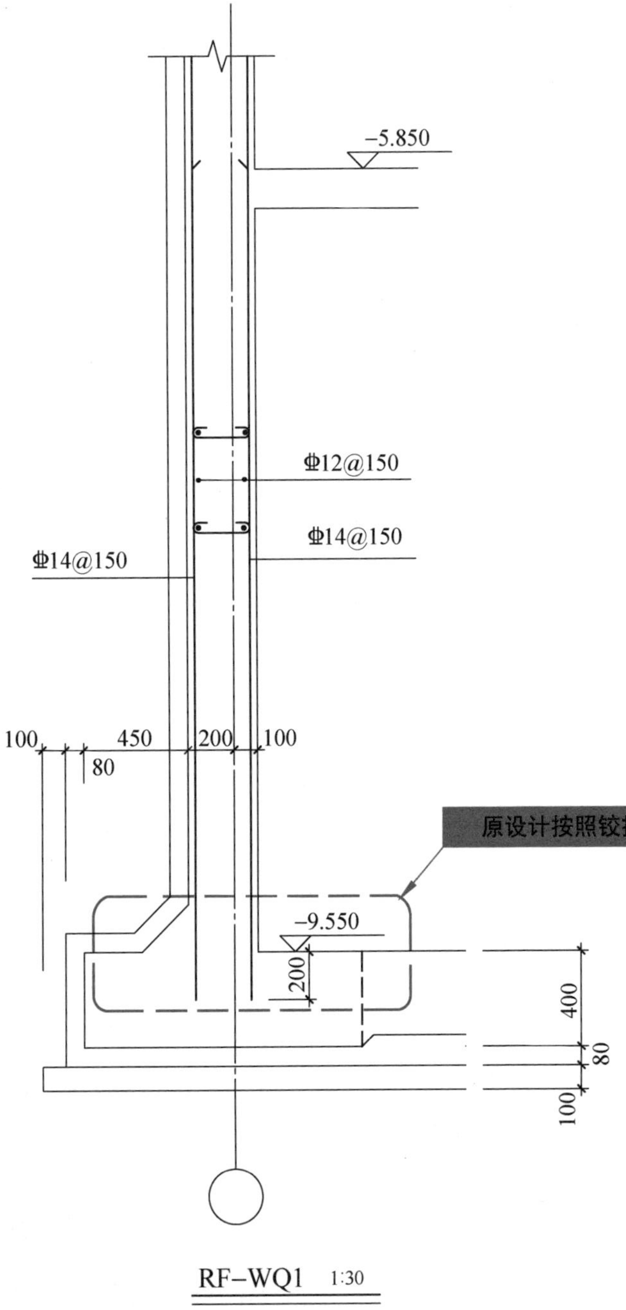

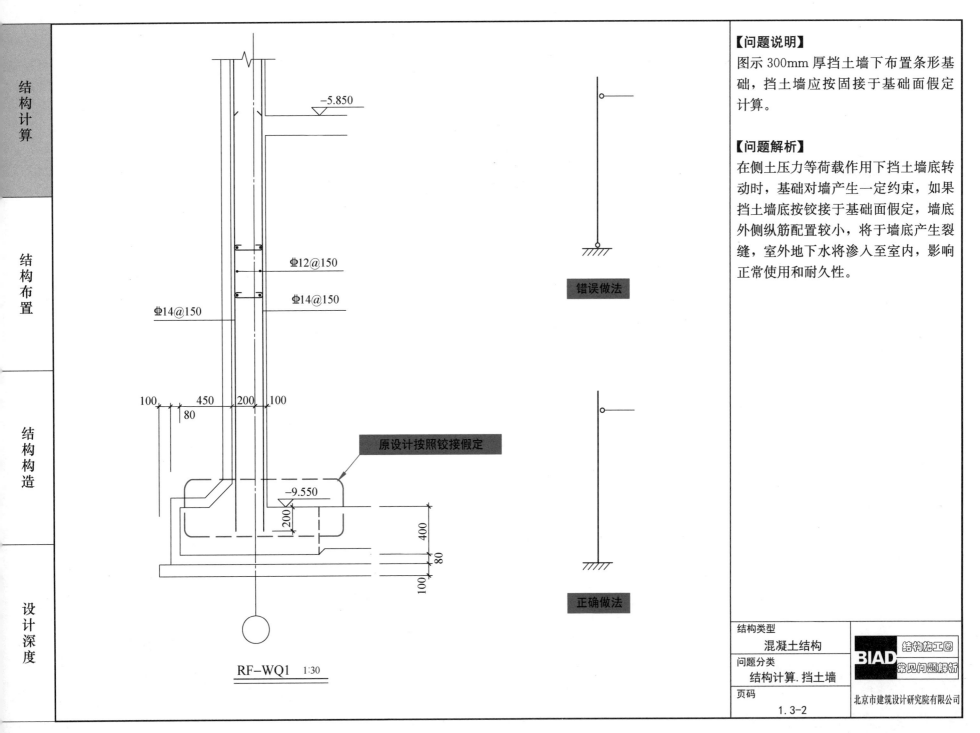

【问题说明】

图示 300mm 厚挡土墙下布置条形基础，挡土墙应按固接于基础面假定计算。

【问题解析】

在侧土压力等荷载作用下挡土墙底转动时，基础对墙产生一定约束，如果挡土墙底按铰接于基础面假定，墙底外侧纵筋配置较小，将于墙底产生裂缝，室外地下水将渗入至室内，影响正常使用和耐久性。

结构类型	
混凝土结构	BIAD 结构施工图常见问题解析
问题分类	
结构计算. 挡土墙	
页码	北京市建筑设计研究院有限公司
1. 3-2	

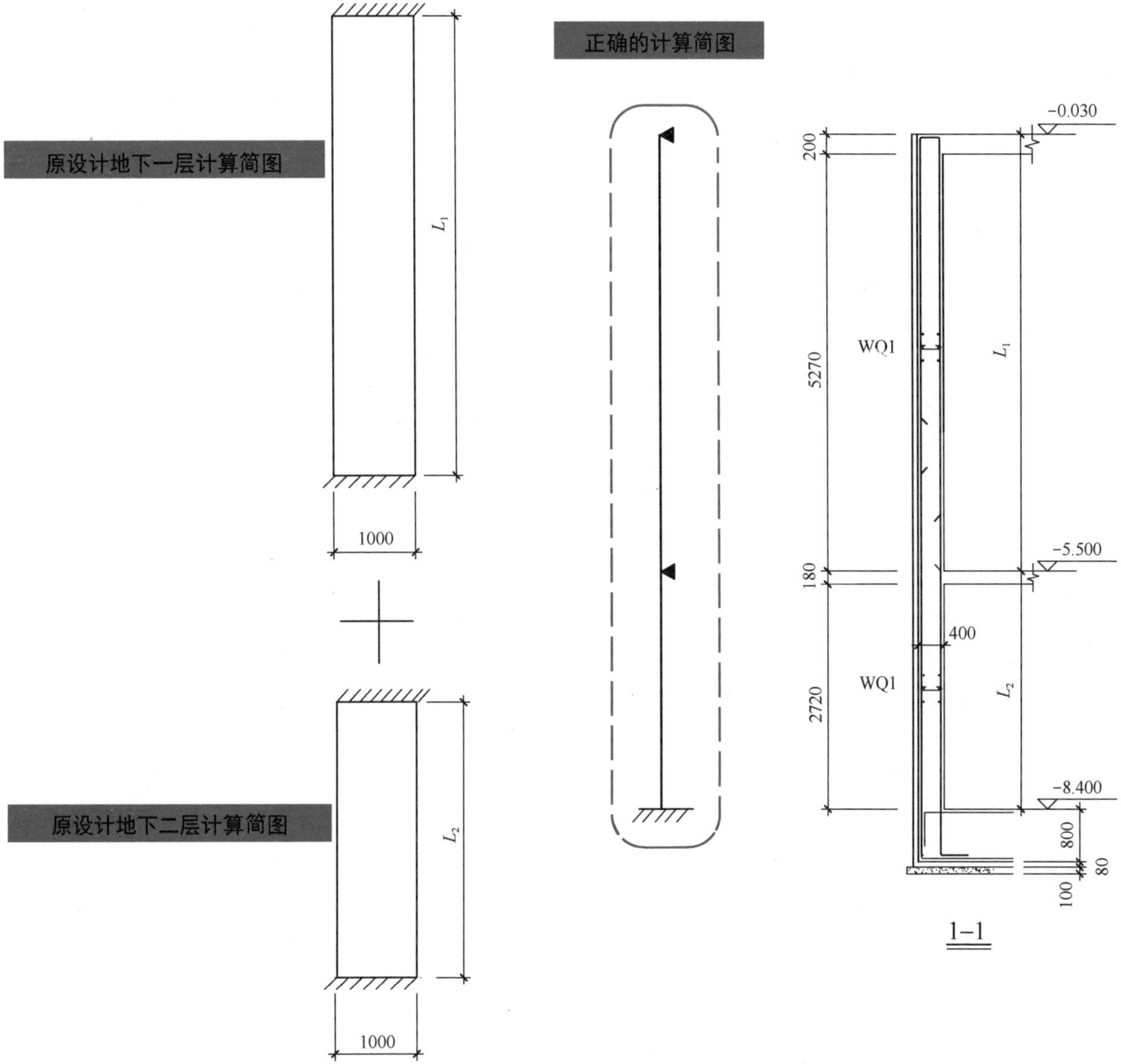

【问题说明】

图示地下室外墙 WQ1 在侧土压力作用下，应为支撑在楼板和基础底板的单向受力连续构件，仅在基础底固接，原计算假定与实际受力不符。

【问题解析】

地下一层顶板对挡土墙约束刚度较差，不应设为固接；地下二层顶板处为挡土墙的连续支座，支座弯矩取决于地下一层和地下二层挡土墙相互约束受力协调。原假定地下一层和地下二层墙内侧跨中的计算弯矩较实际受力偏小。

结构类型 混凝土结构	BIAD 结构施工图常见问题解析 北京市建筑设计研究院有限公司
问题分类 结构计算. 挡土墙	
页码 1.3-3	

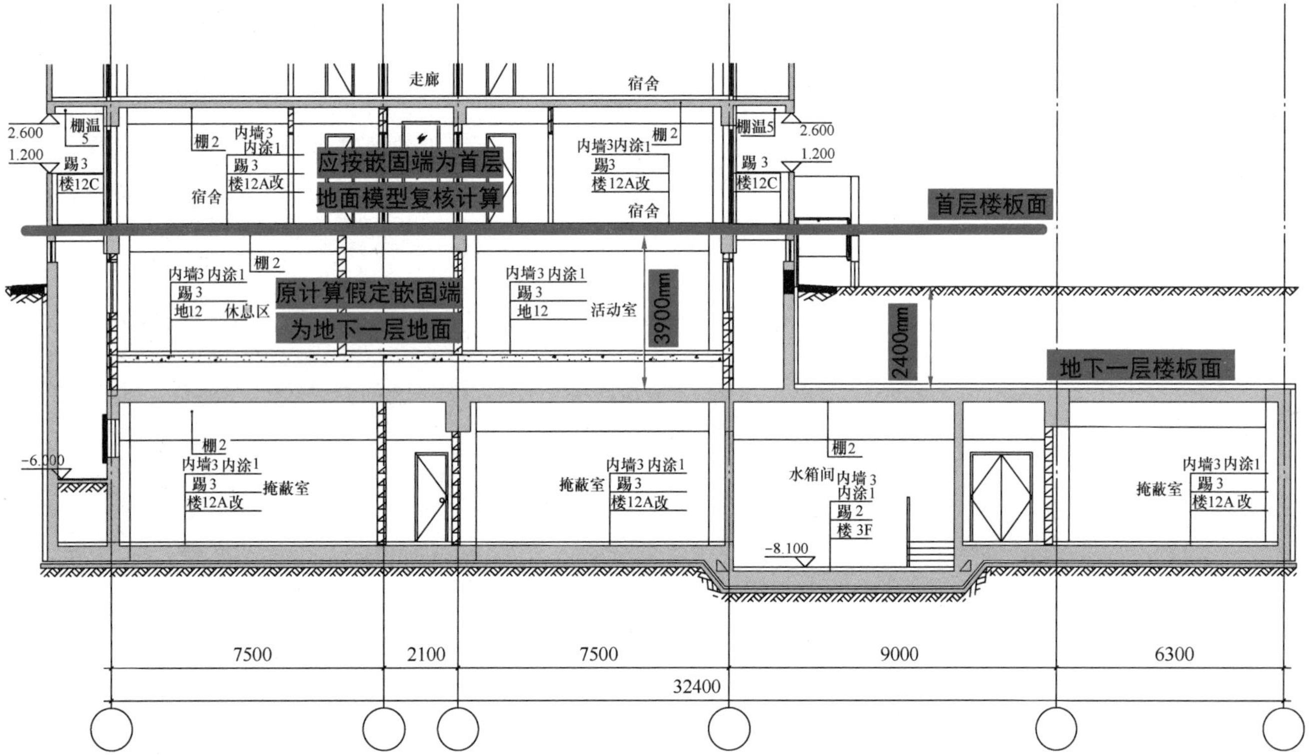

【问题说明】

图示建筑室外地坪起算高度19m，为多层钢筋混凝土框架-剪力墙结构，地下一层出地面1500mm高，计算假定嵌固端为地下一层地面，未按嵌固端为首层地面模型包络设计，另外仅定义地下一层为底部加强区偏于不安全。

【问题解析】

计算结果显示地下一层侧向刚度大于首层两倍，地震下首层底为相对薄弱部位，首层墙体可能先于地下一层墙体进入塑性阶段，应加强抗震措施，使其具有较大弹塑性变形能力。应增加以首层地面为嵌固部位的计算模型进行复核，并与假定嵌固在地下一层地面模型进行承载力包络设计，另外首层墙体也应按底部加强区要求加强抗震构造措施。

结构类型	
混凝土结构	BIAD 结构施工图 常见问题解析
问题分类	
结构计算. 剪力墙	
页码	北京市建筑设计研究院有限公司
1. 4-1	

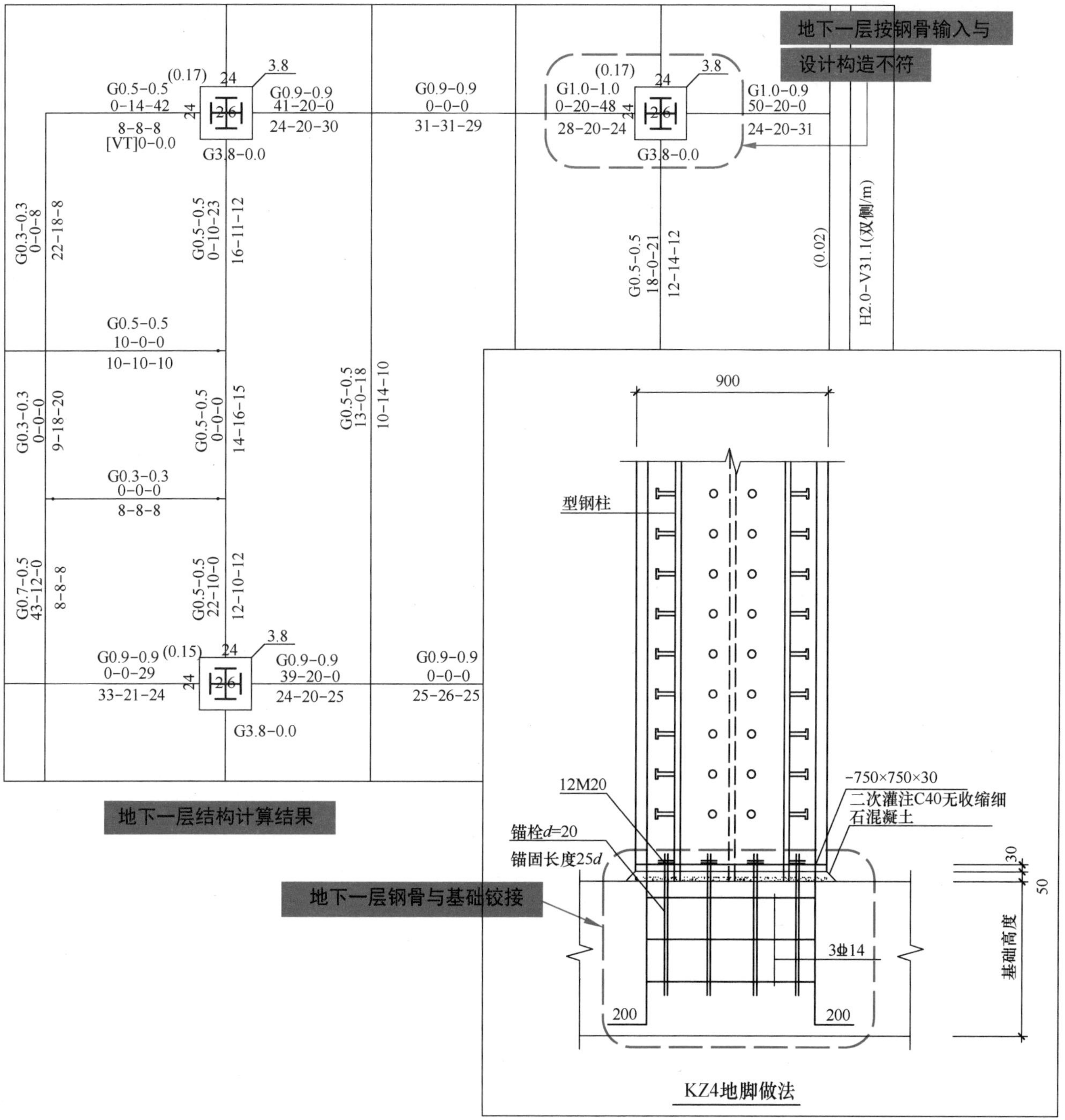

【问题说明】

施工图地下一层钢骨柱中钢骨与基础底板铰接构造，而计算模型中地下一层框架柱按钢骨柱输入，计算假定与设计构造不符。

【问题解析】

地下一层电算模型中框架柱按钢骨柱输入时，钢骨将承受弯矩，但施工图柱脚构造做法中将钢骨柱钢骨与基础铰接，钢骨不能将承担的柱底弯矩有效传到基础中，柱底弯矩基本上仅靠柱纵向钢筋承担，此时按钢骨柱的计算结果配置钢筋，则柱底抗弯承载力不足。

若地下一层钢骨柱中钢骨与基础底板铰接，地下一层计算模型框架柱应按钢筋混凝土柱输入，以免柱纵筋计算结果偏小，柱底抗弯承载力不足。

结构类型	
混凝土结构	
问题分类	
结构计算. 柱	
页码	
1. 5-1	

结构计算

结构布置

结构构造

设计深度

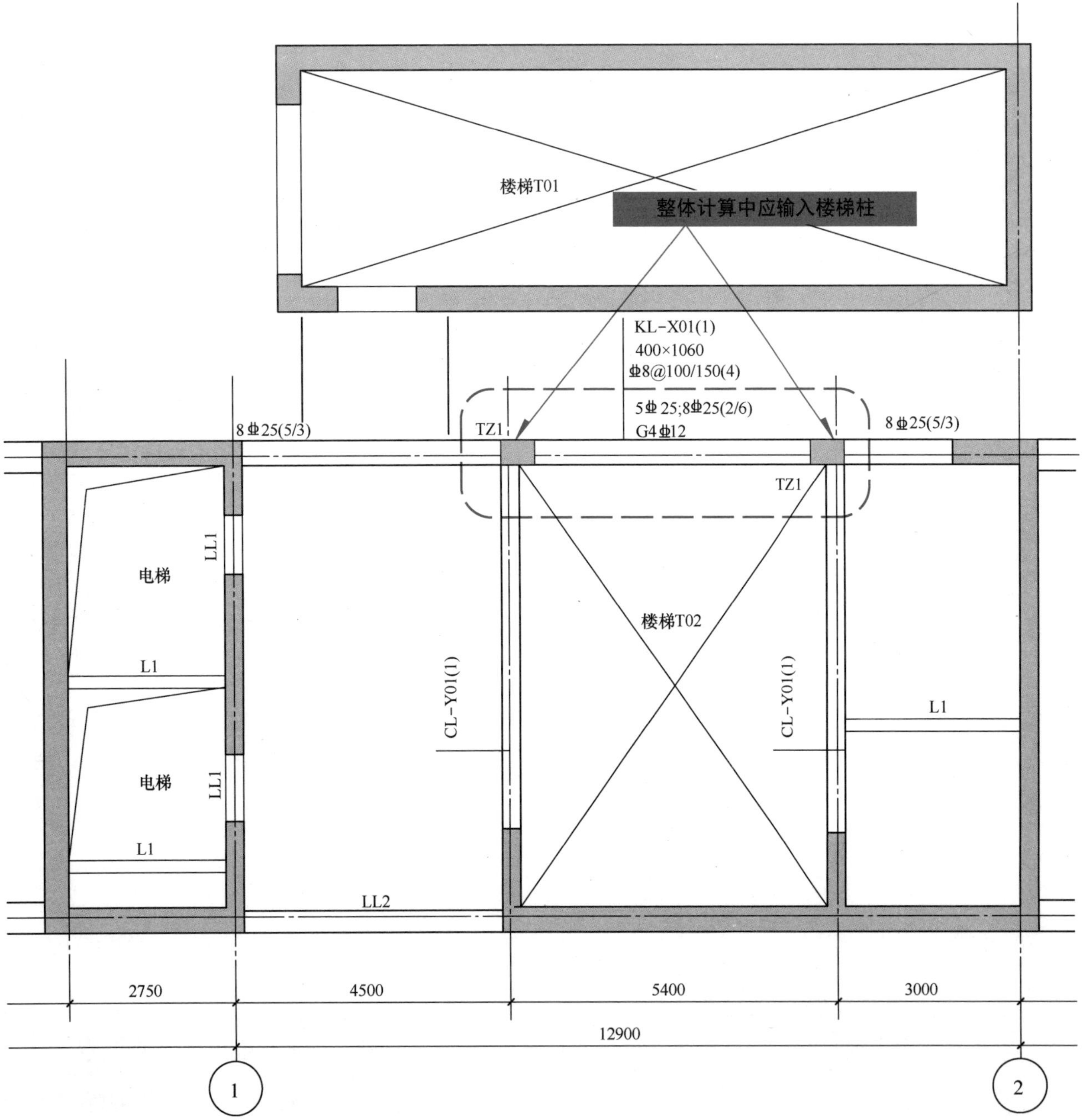

【问题说明】

图示 KL-X01 梁在 1 轴与 2 轴间支撑在楼梯 T02 的楼梯柱 TZ1 上，计算简图未输入 TZ1，设计未考虑 TZ1 的支撑作用，计算假定与实际受力不符。

【问题解析】

由于 TZ1 的支撑作用，KL-X01 梁在 1 轴与 2 轴间应为 3 跨，与假定支撑在 1 轴及 2 轴墙肢上的单跨梁受力完全不同。另外楼梯柱 TZ1 将把 KL-X01 梁作用的荷载传至下层结构构件上，原设计模型由于未输入 TZ1，下层结构构件也偏于不安全。

结构类型	混凝土结构
问题分类	结构计算. 柱
页码	1. 5-2

BIAD 结构施工图常见问题解析

北京市建筑设计研究院有限公司

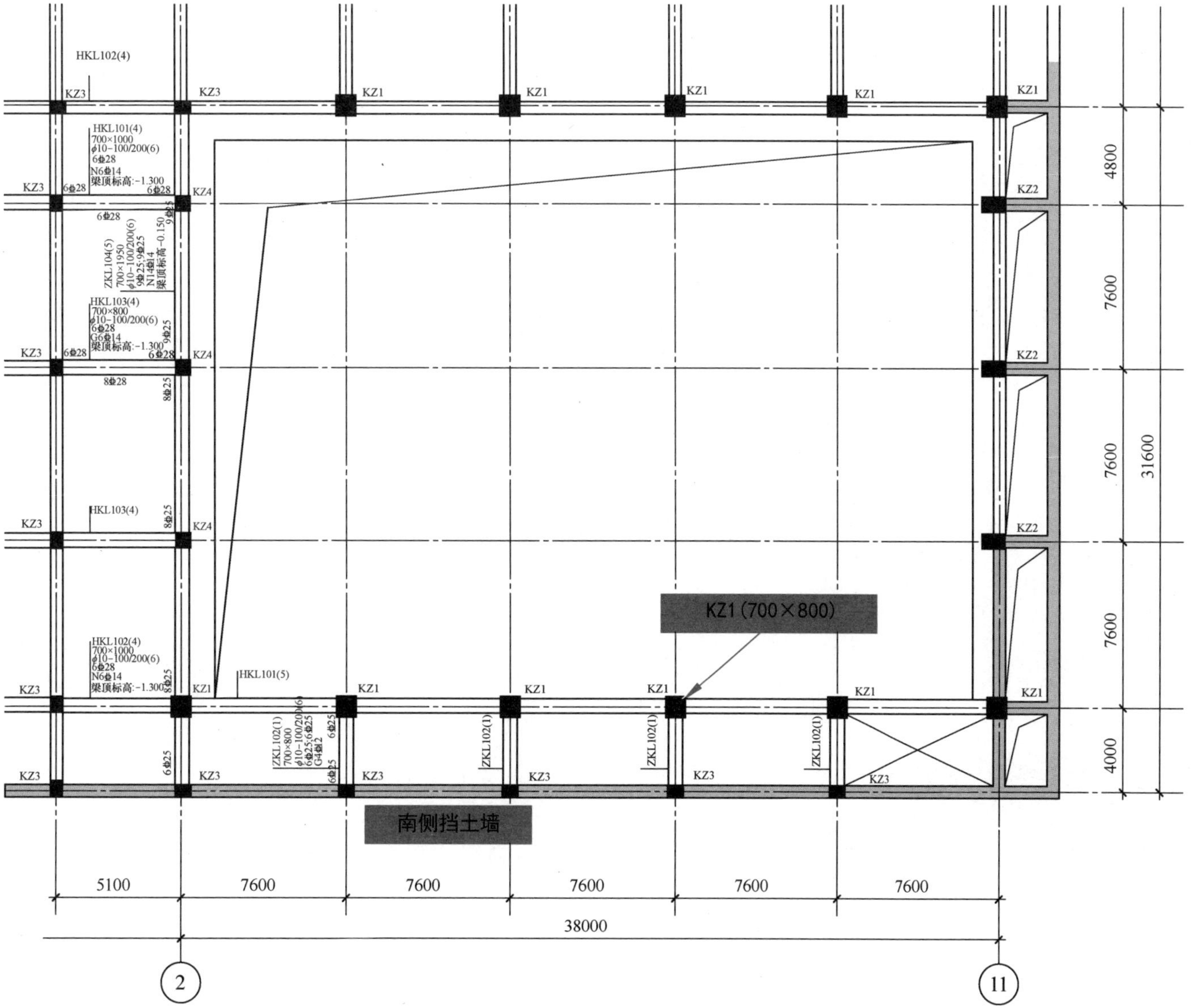

【问题说明】

图示平面为地下一层顶板，2 至 11 轴间距离 38000mm，仅临近南侧挡土墙布置单跨度 4000mm 楼板，设计时 KZ1 框架柱未考虑南侧挡土墙外侧土压力不利影响。

【问题解析】

南侧地下一层挡土墙承受的水平侧土压力将传至地下一层顶板及底板，由于临近南侧挡土墙的地下一层顶板仅为 4000mm 单跨布置，东西向长度 38000mm，平面内刚度较差，不能有效地将侧土压力传至 2 及 11 轴框架上，故 KZ1 框架柱应考虑与南侧挡土墙共同承担外侧土压力作用，以确保结构安全。

结构类型	
混凝土结构	BIAD 结构施工图常见问题解析
问题分类	
结构计算. 柱	
页码	北京市建筑设计研究院有限公司
1.5-3	

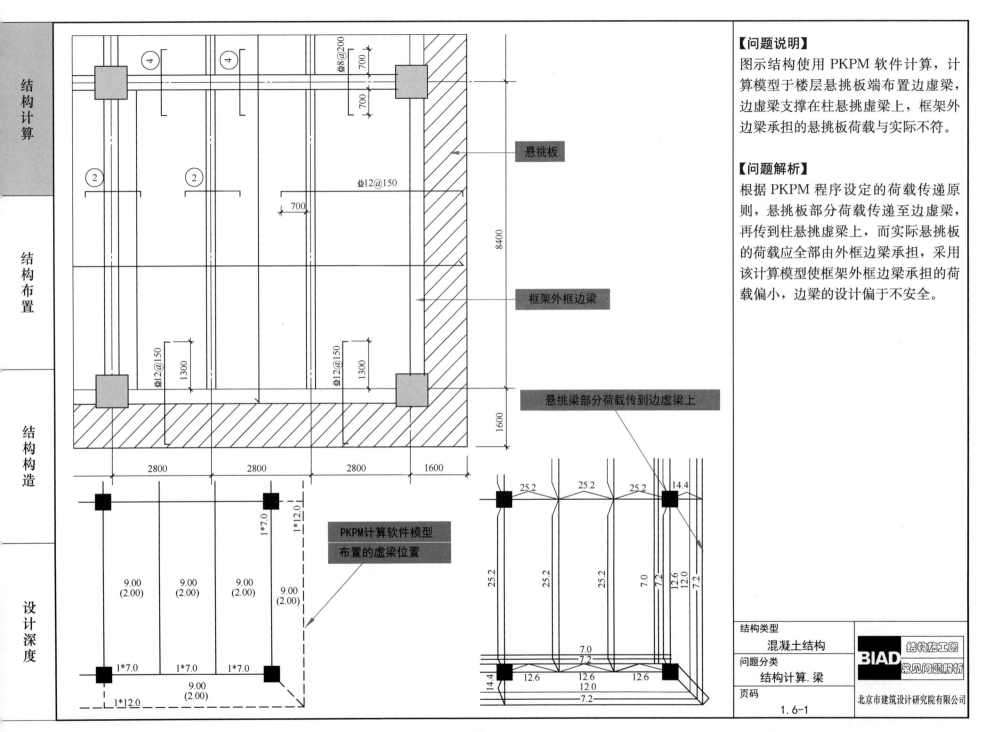

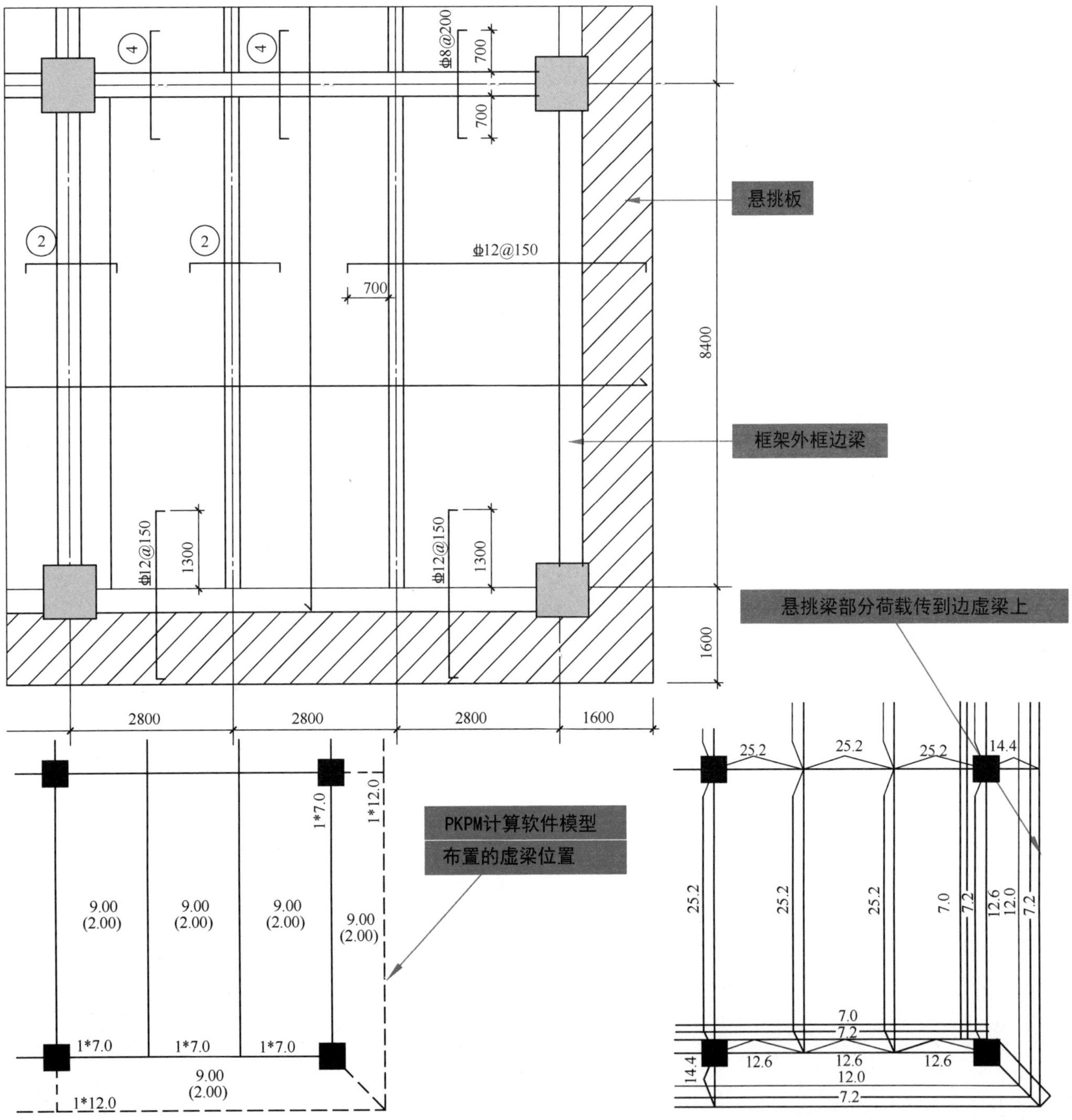

【问题说明】

图示结构使用 PKPM 软件计算，计算模型于楼层悬挑板端布置边虚梁，边虚梁支撑在柱悬挑虚梁上，框架外边梁承担的悬挑板荷载与实际不符。

【问题解析】

根据 PKPM 程序设定的荷载传递原则，悬挑板部分荷载传递至边虚梁，再传到柱悬挑虚梁上，而实际悬挑板的荷载应全部由外框边梁承担，采用该计算模型使框架外框边梁承担的荷载偏小，边梁的设计偏于不安全。

结构类型	混凝土结构
问题分类	结构计算. 梁
页码	1.6-1

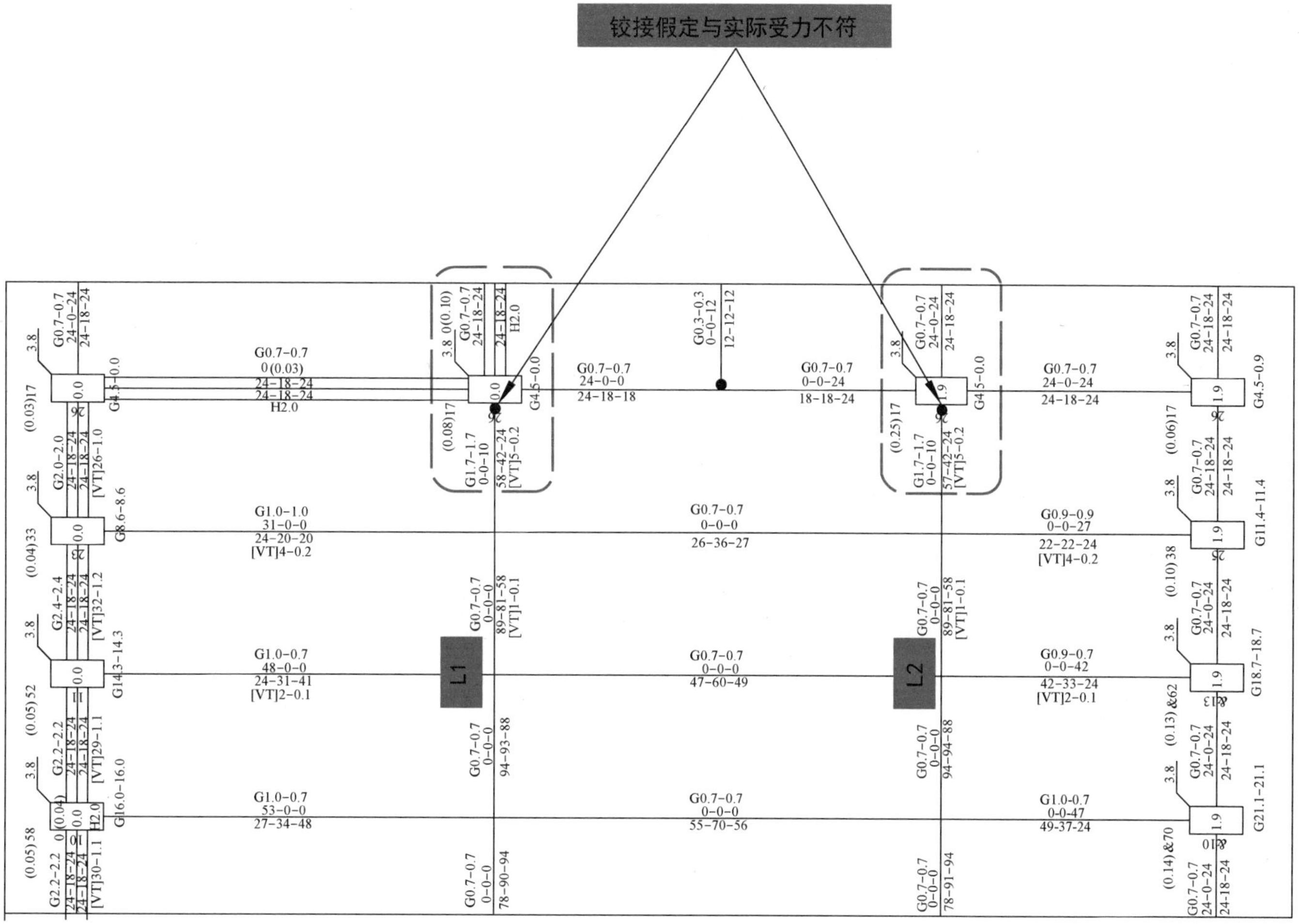

【问题说明】

L1 梁及 L2 梁在框架柱支座不应假定为铰接。

【问题解析】

与框架柱相连的 L1 梁及 L2 梁是框架主梁，一般情况不应与框架柱铰接。详见《高层建筑混凝土结构设计规程》JGJ 3—2010 第6.1.8 条、8.1.6 条规定及条文解释。

结构类型	
混凝土结构	BIAD 结构施工图常见问题解析
问题分类	
结构计算. 梁	
页码	北京市建筑设计研究院有限公司
1.6-2	

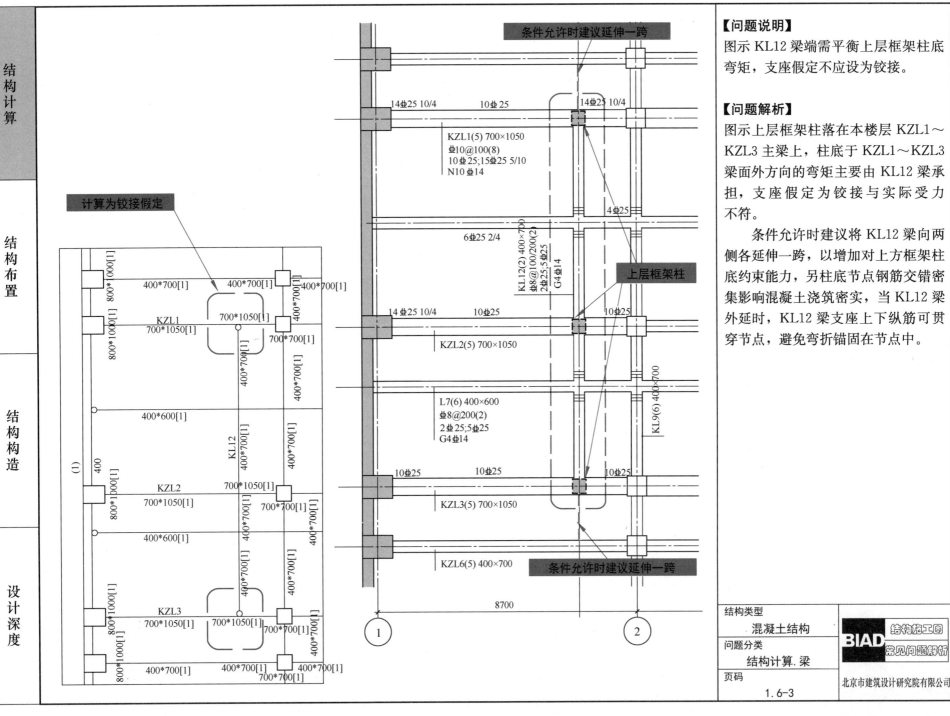

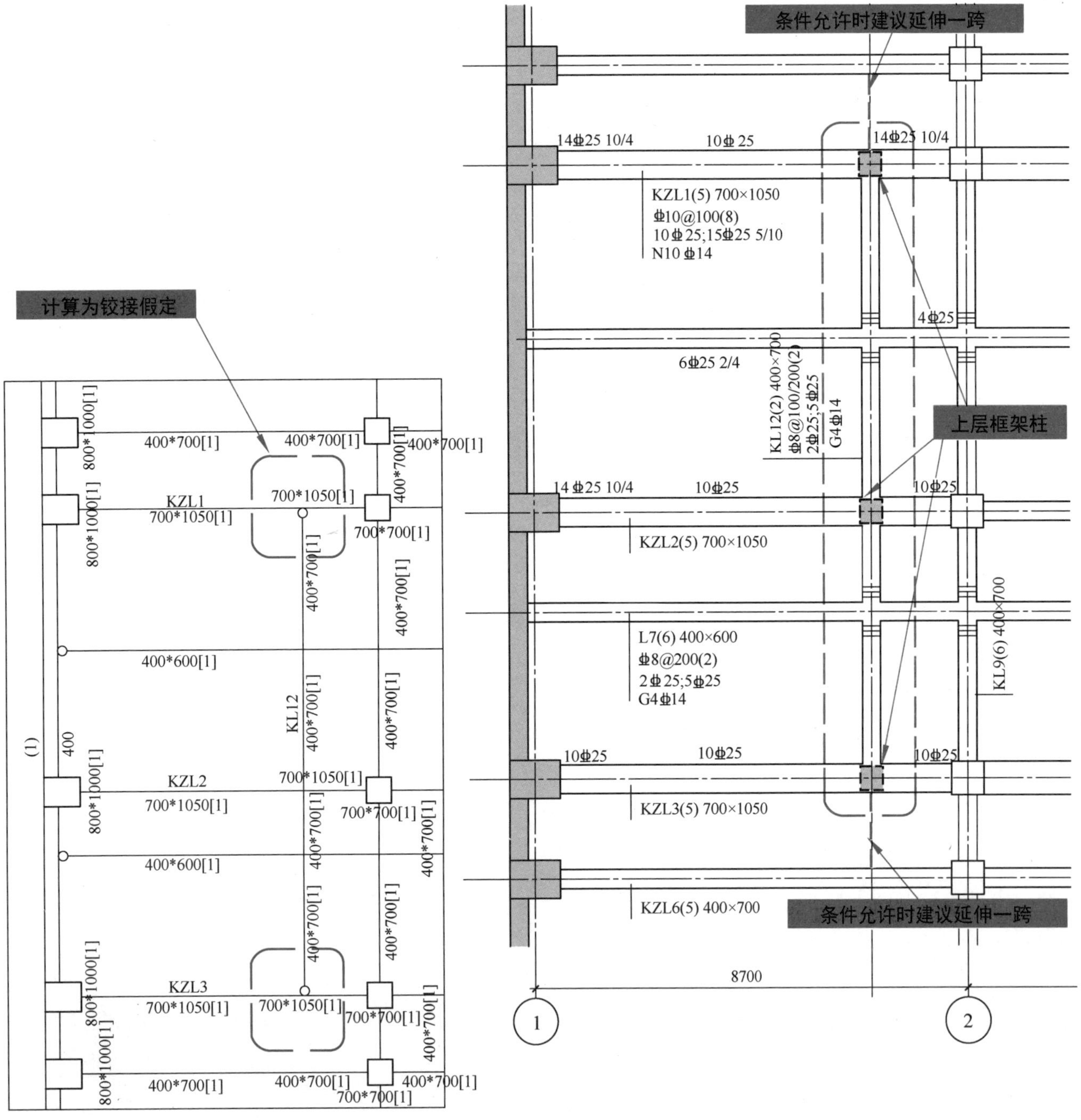

【问题说明】

图示 KL12 梁端需平衡上层框架柱底弯矩，支座假定不应设为铰接。

【问题解析】

图示上层框架柱落在本楼层 KZL1～KZL3 主梁上，柱底于 KZL1～KZL3 梁面外方向的弯矩主要由 KL12 梁承担，支座假定为铰接与实际受力不符。

条件允许时建议将 KL12 梁向两侧各延伸一跨，以增加对上方框架柱底约束能力，另柱底节点钢筋交错密集影响混凝土浇筑密实，当 KL12 梁外延时，KL12 梁支座上下纵筋可贯穿节点，避免弯折锚固在节点中。

结构类型	BIAD 结构施工图常见问题解析
混凝土结构	
问题分类	
结构计算. 梁	
页码	北京市建筑设计研究院有限公司
1.6-3	

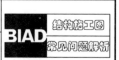

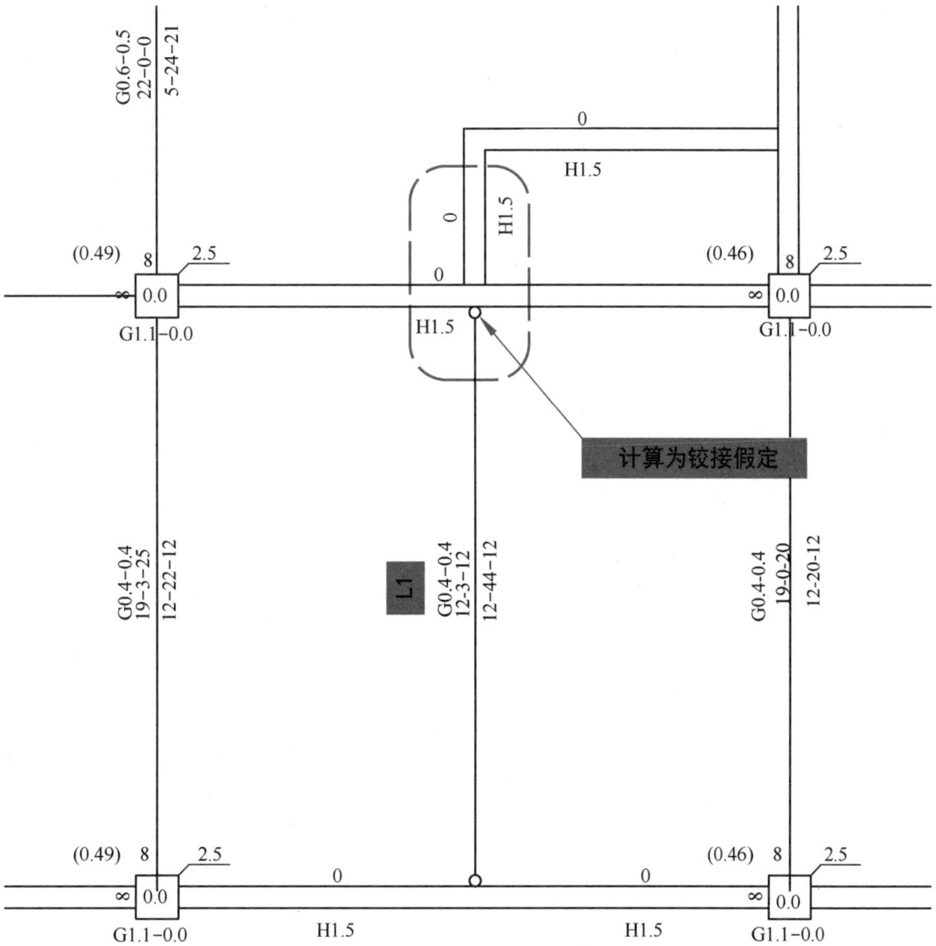

【问题说明】

图示L1梁支撑在剪力墙面内的支座，假定铰接与实际受力不符。

【问题解析】

混凝土次梁支撑在剪力墙面内时，墙对梁端的约束刚度很大，应为固接，按铰接设计，可能在梁端出现较宽裂缝，不满足正常使用要求。另在地震荷载作用下，墙肢产生弯曲变形，使梁端产生转角，从而使梁产生内力，为避免梁端在大震下不发生脆性破坏以丧失承载能力，需按强剪弱弯构造设计，加密梁端箍筋。

结构类型	
混凝土结构	BIAD 结构施工图常见问题解析
问题分类	
结构计算. 梁	
页码	北京市建筑设计研究院有限公司
1. 6-4	

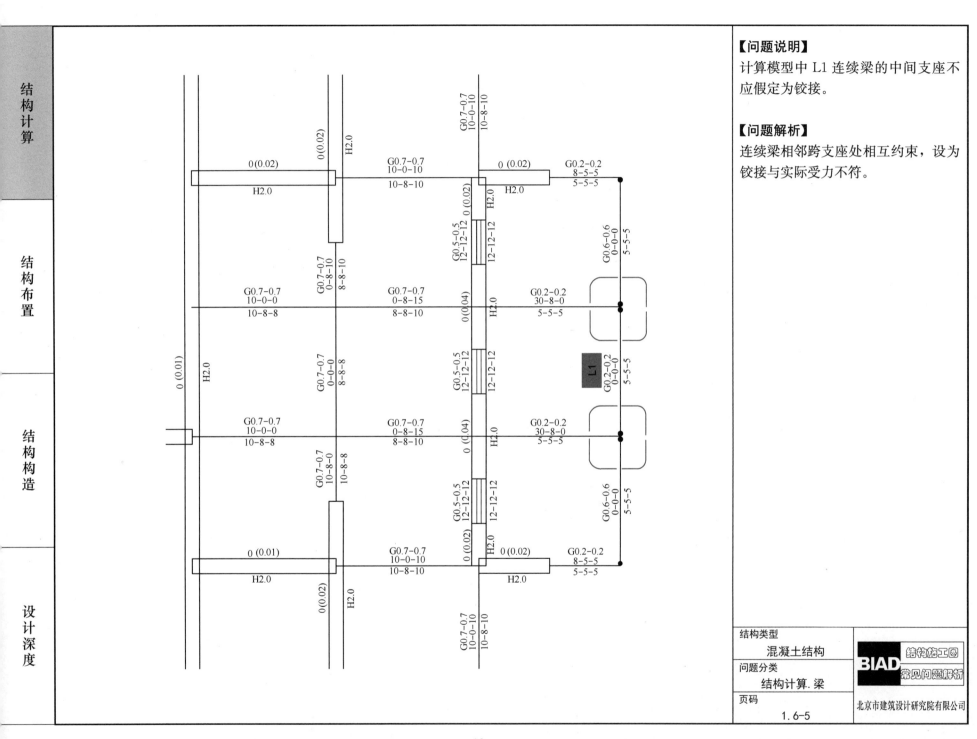

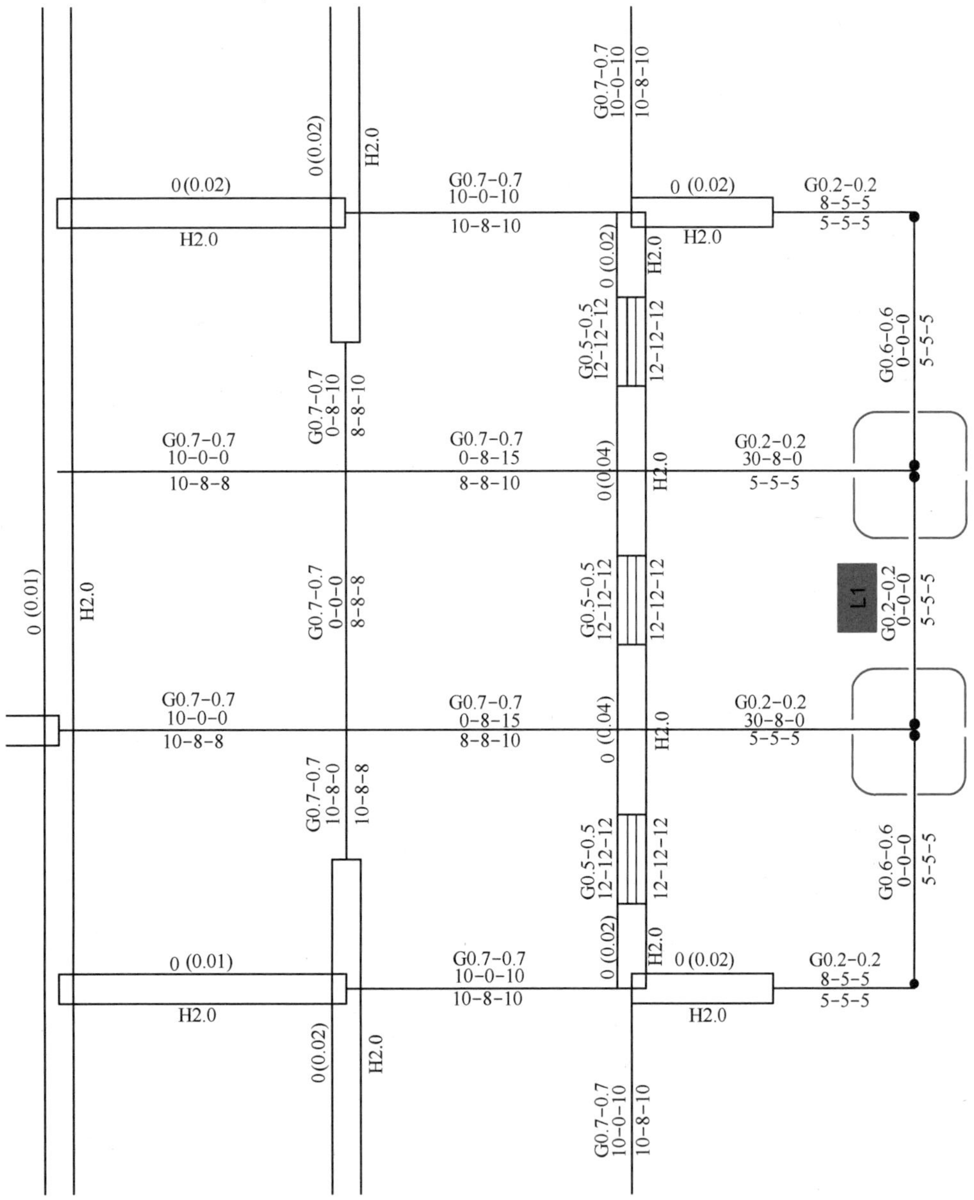

【问题说明】

计算模型中 L1 连续梁的中间支座不应假定为铰接。

【问题解析】

连续梁相邻跨支座处相互约束，设为铰接与实际受力不符。

结构类型	BIAD 结构施工图常见问题解析
混凝土结构	
问题分类	
结构计算. 梁	
页码	北京市建筑设计研究院有限公司
1. 6-5	

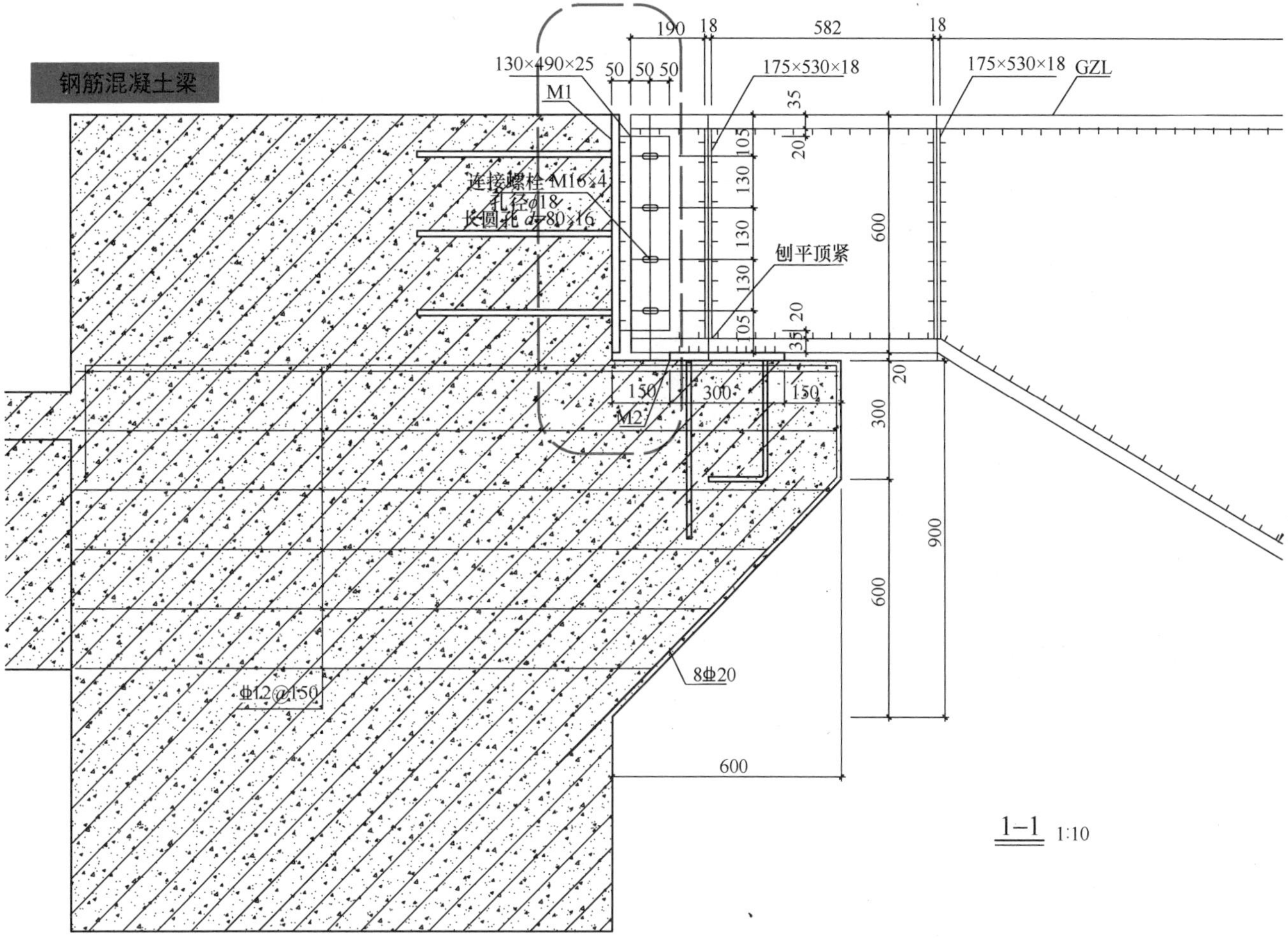

1-1 1:10

【问题说明】

图示钢梁与钢筋混凝土梁连接方式与铰接的计算假定不符。

【问题解析】

钢梁腹板与钢筋混凝土梁埋件伸出的钢板栓接，即使采用长圆孔方式，当钢梁转动时仍会存在约束，当钢梁支座布置较多螺栓时，将会产生较大的约束弯矩，设计时按铰接假定完全不考虑其影响，会造成预埋件及混凝土梁不安全。

结构类型 混凝土结构	BIAD 结构施工图 常见问题解析
问题分类 结构计算. 梁	
页码 1.6-6	北京市建筑设计研究院有限公司

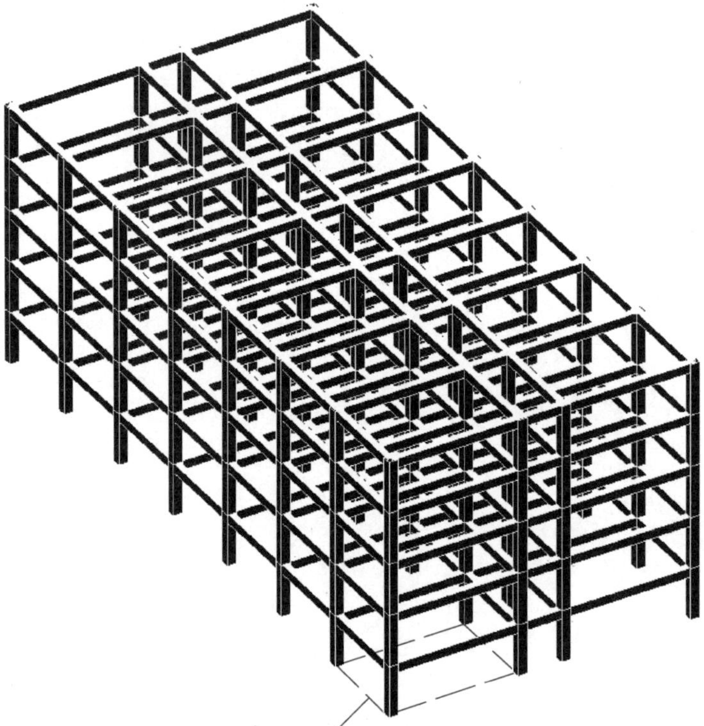

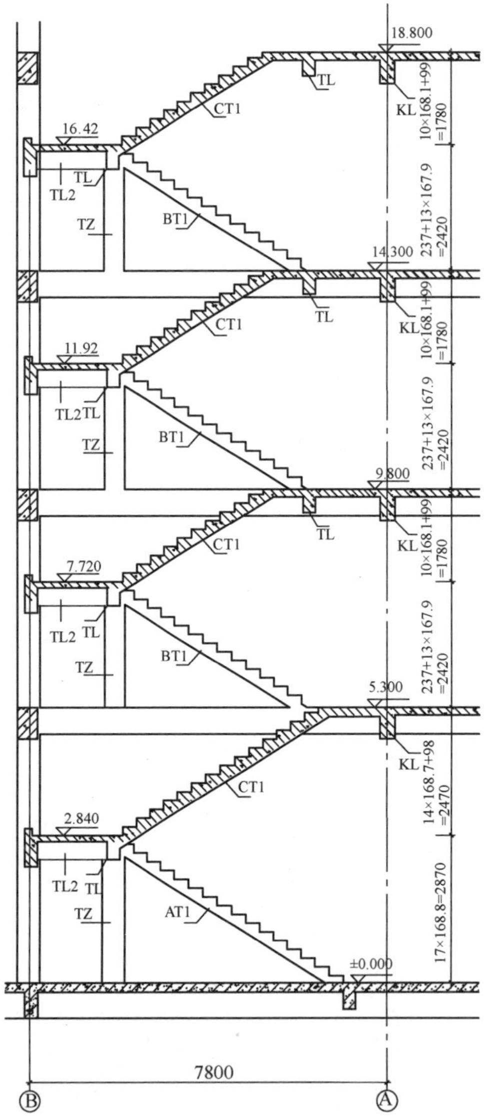

I–1楼梯1–1剖面图 1:50

【问题说明】

图示钢筋混凝土框架结构中楼梯构件与主体整浇，整体计算模型中未计入楼梯构件对地震作用及其效应的影响。

【问题解析】

框架结构中当楼梯构件与主体整浇时，斜梯板起到斜支撑作用，对结构刚度、承载力、规则性的影响比较大，以往震害表明楼梯构件吸收了较大的地震剪力，破坏严重，所以对于与框架结构整浇的楼梯要计入整体模型参与抗震计算，详见《建筑抗震设计规范》GB 50011－2010 第6.1.15 条规定。

为防止地震下楼梯斜梯板破坏后，结构内力重分布导致主体结构不安全，宜按计入楼梯与不计入楼梯两个模型进行结构承载力的包络设计。

结构类型	
混凝土结构	BIAD 结构施工图 常见问题解析
问题分类	
结构计算. 楼梯	
页码	北京市建筑设计研究院有限公司
1. 7-1	

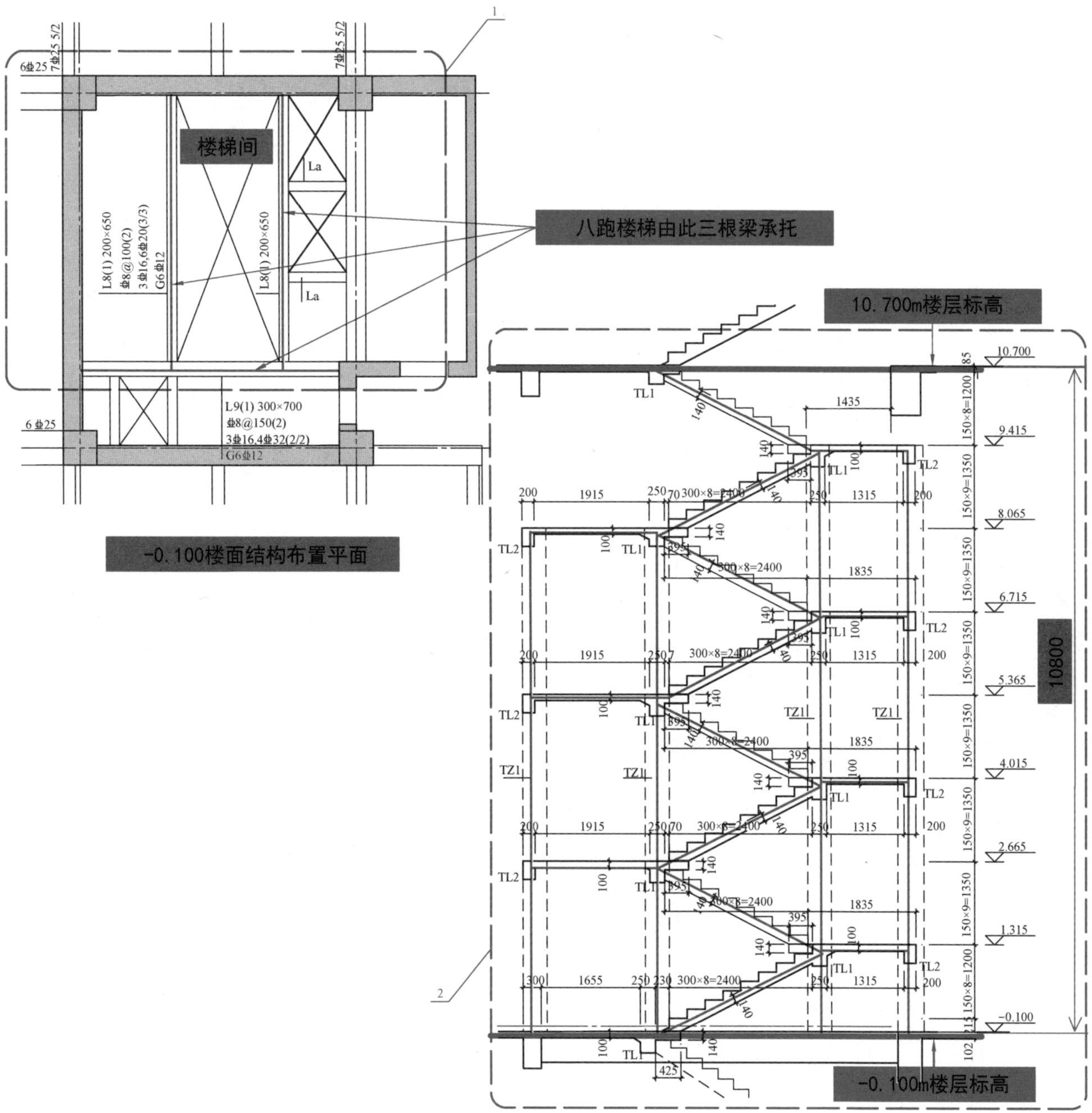

-0.100楼面结构布置平面

【问题说明】

图示由于层高10.8m，楼梯间需设置八跑斜梯段，梯梁和梯柱组成多层框架。

1. 八跑楼梯通过楼梯框架传至−0.100m标高楼面梁上，原设计恒载及活荷载均不足。

2. 楼梯框架在地震工况下承担的地震作用及对主体结构的影响均未考虑。

【问题解析】

1. 当楼层高度较高时，楼梯间梯段通常大于两跑，设计人员按常规结构在计算简图中仅输入两跑楼梯荷载，导致荷载小于实际情况，结构偏于不安全。

2. 图示中八跑楼梯形成多层框架，不可忽略自身在地震下的反应，以保证楼梯框架在地震下的安全。同时应考虑对主体结构构件的影响，保证主体结构构件的安全。

结构类型	BIAD 结构施工图常见问题解析
混凝土结构	
问题分类	
结构计算. 楼梯	
页码	北京市建筑设计研究院有限公司
1.7-2	

结构计算

结构布置

结构构造

设计深度

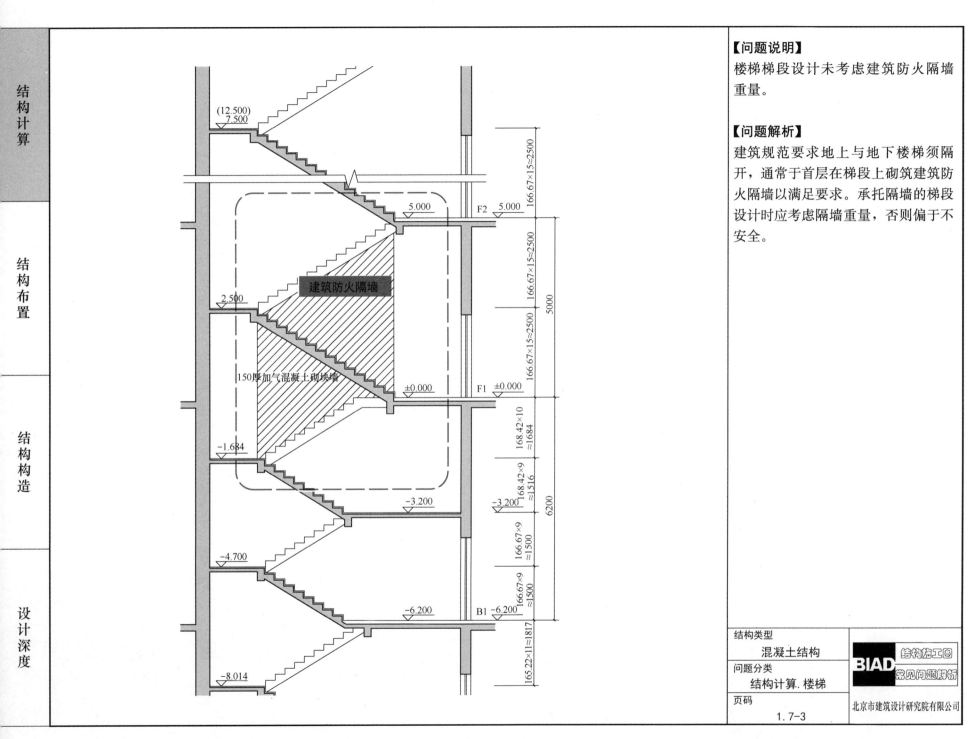

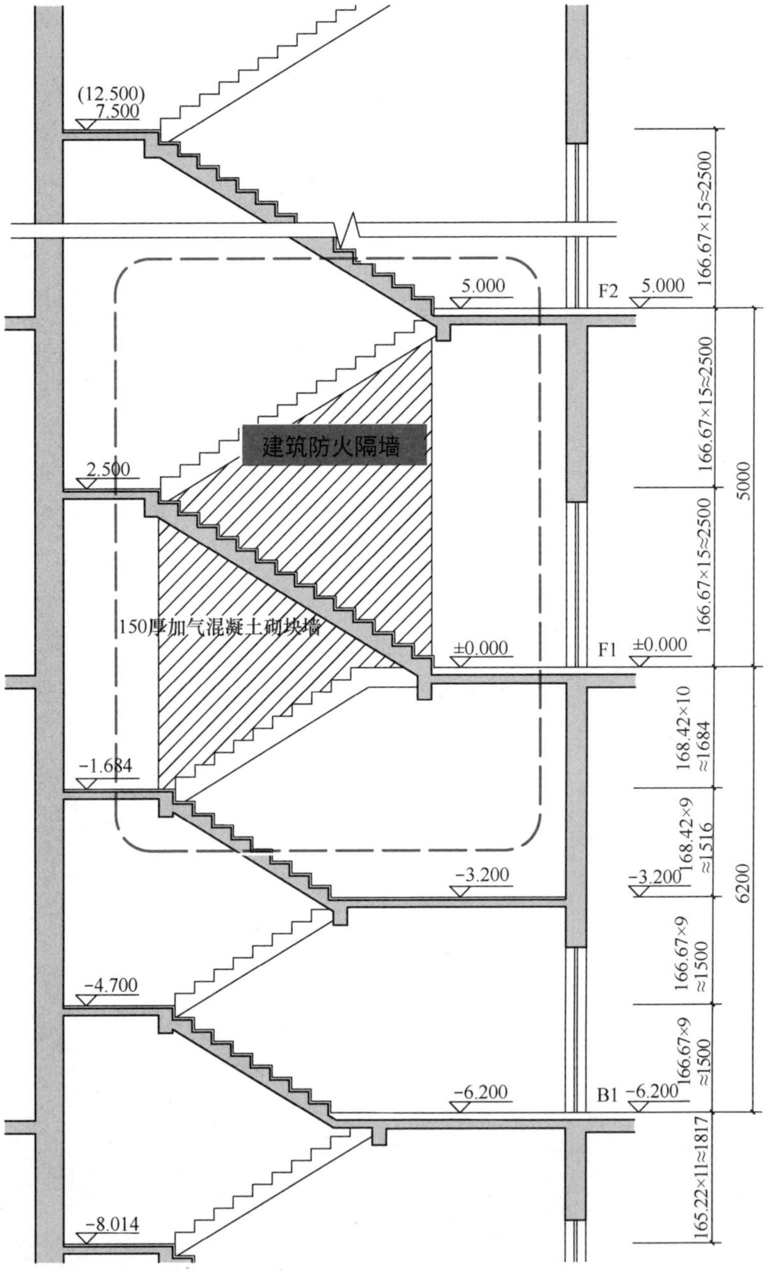

【问题说明】

楼梯梯段设计未考虑建筑防火隔墙重量。

【问题解析】

建筑规范要求地上与地下楼梯须隔开，通常于首层在梯段上砌筑建筑防火隔墙以满足要求。承托隔墙的梯段设计时应考虑隔墙重量，否则偏于不安全。

结构类型	
混凝土结构	BIAD 结构施工图常见问题解析
问题分类	
结构计算. 楼梯	北京市建筑设计研究院有限公司
页码	
1. 7-3	

内侧楼板上铁应通长并与梯板上铁满足搭接长度 L_l（若接头位置100%搭接则不应小于1.6L_a）

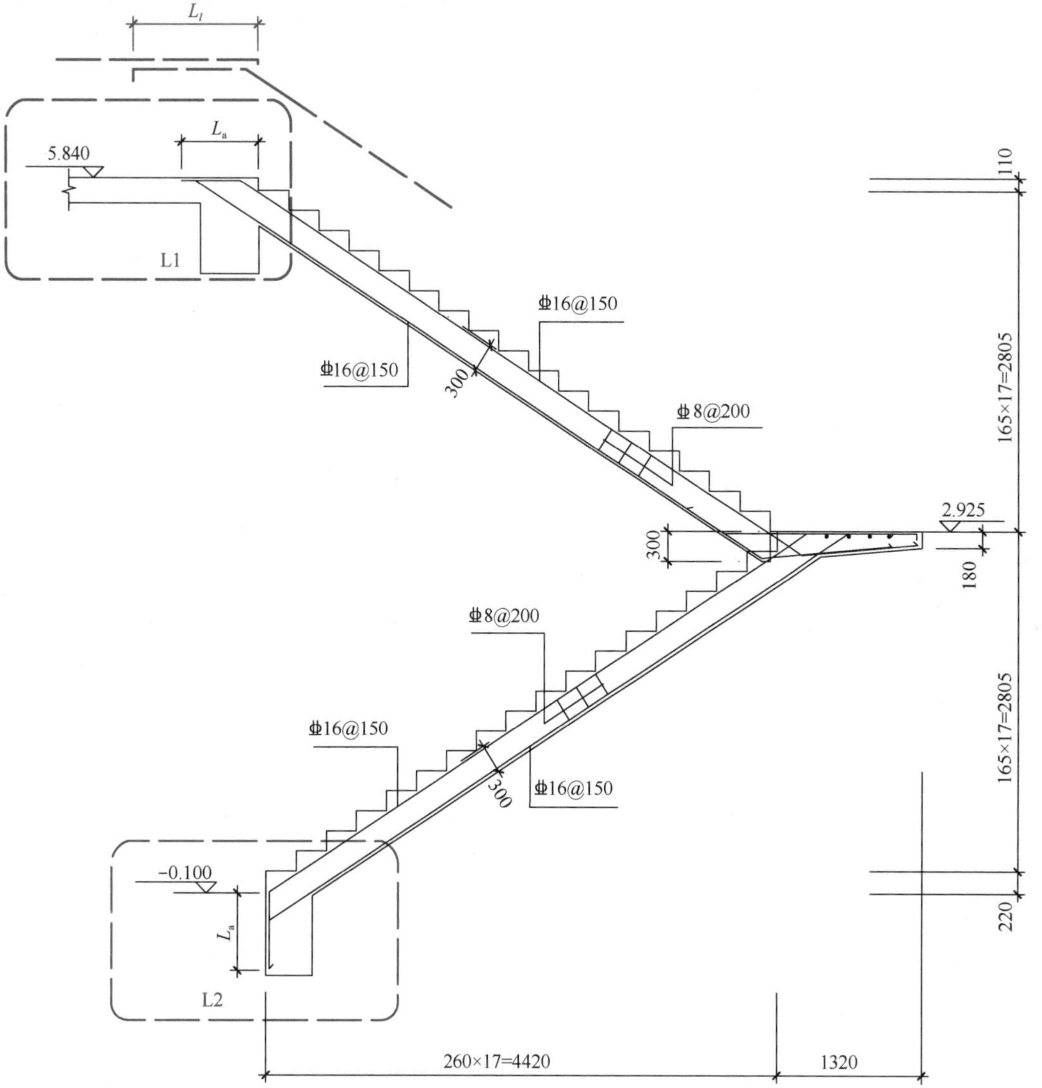

【问题说明】

悬挑楼梯支座结构构件设计时，考虑楼梯传来的荷载不全面，偏于不安全。梁的设计深度不够，设计错误。

【问题解析】

L1梁应承受楼梯上梯段传递的面外扭矩、竖向荷载和水平拉力，设计时可通过内侧楼板平衡扭矩及水平拉力，内侧楼板上铁应通长并与梯板上铁满足搭接长度。L2梁内侧无板，承受下梯段传递的竖向荷载、水平推力及面外约束扭矩，应按承受的荷载设计上下纵筋、侧面钢筋及箍筋，并满足构造要求。

结构类型	BIAD 结构施工图常见问题解析
混凝土结构	
问题分类	
结构计算. 楼梯	
页码	北京市建筑设计研究院有限公司
1.7-4	

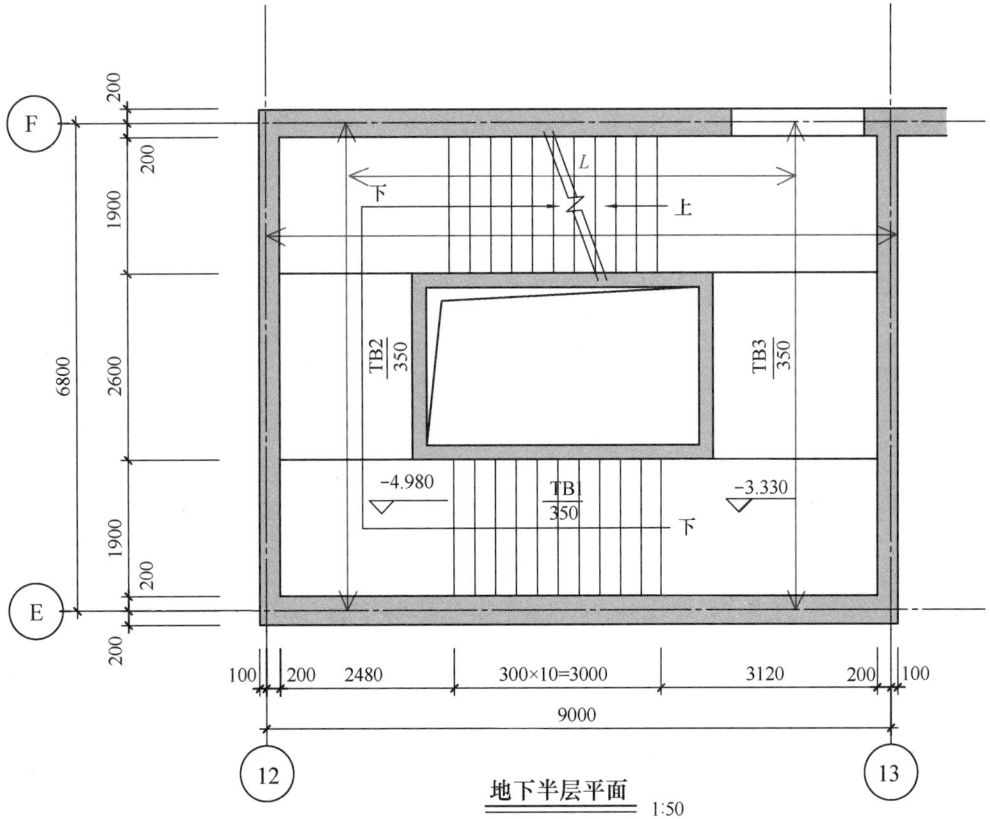

地下半层平面 1:50

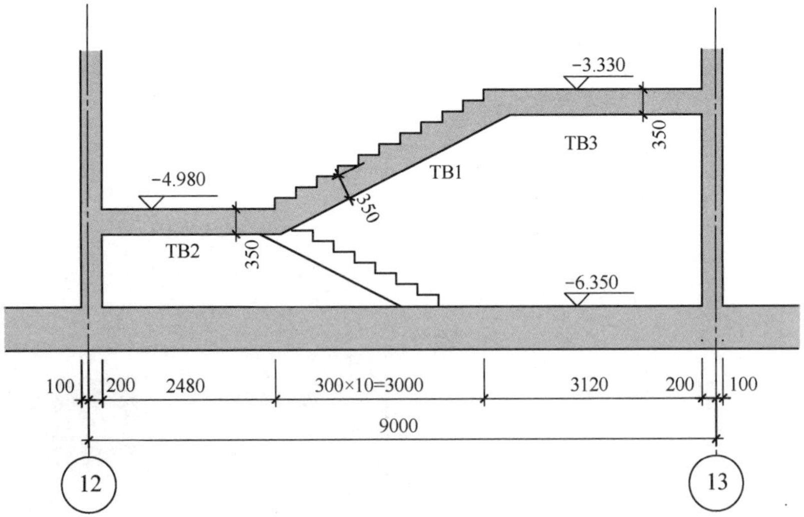

【问题说明】

原设计假定 TB1 梯板受力跨度 9000mm，导致梯板厚度 350mm，计算假定偏于保守。

【问题解析】

由于 TB2 以及 TB3 梯板长向跨度 6800mm 小于 TB1，实际受力情况为 TB2、TB3 对 TB1 有一定的支撑作用，即为板搭板受力方式，则 TB1 计算跨度可取 TB2 板中线到 TB3 板中线距离 *L*，TB1～TB3 厚度依据 6800mm 和 *L* 长度较大值设计，原设计梯板厚 350mm 可优化为 250mm。

结构类型	BIAD 结构施工图常见问题解析
混凝土结构	
问题分类	
结构计算. 楼梯	
页码	北京市建筑设计研究院有限公司
1.7-5	

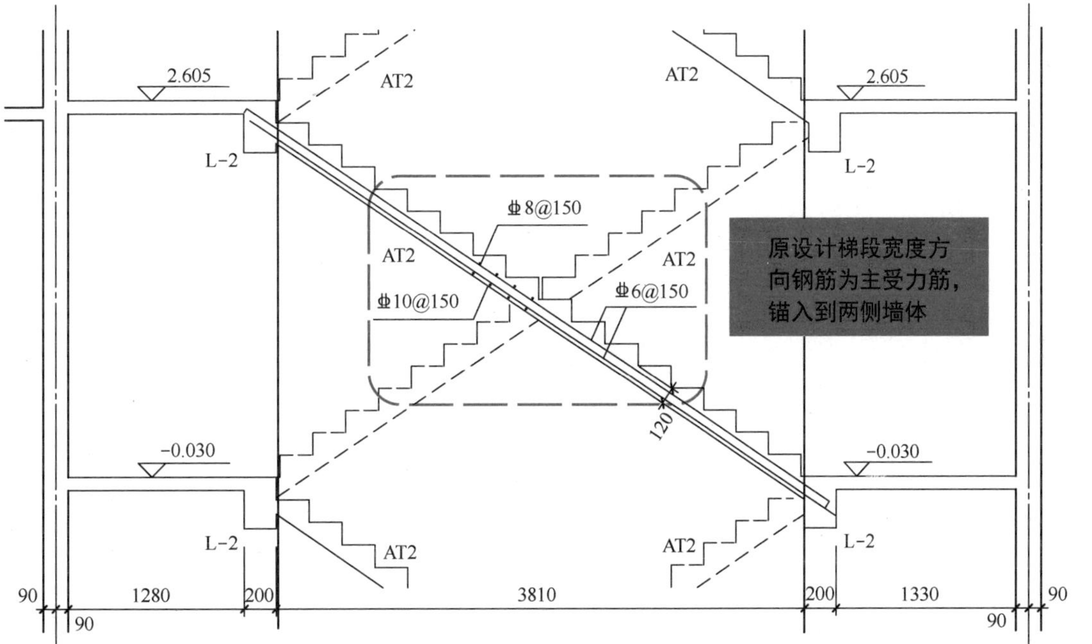

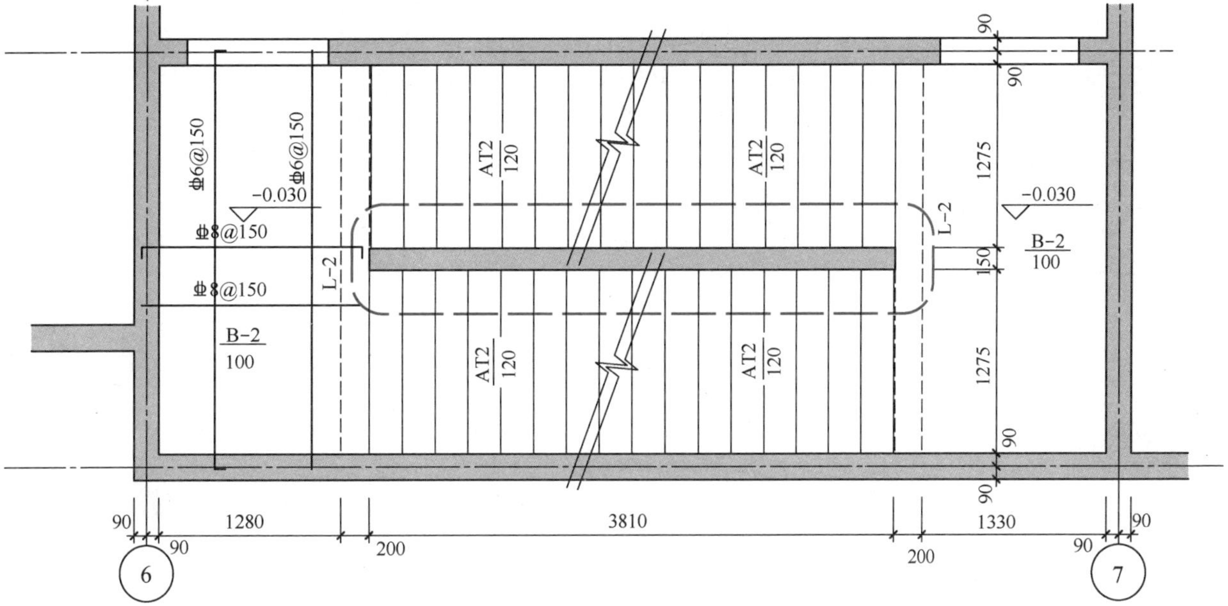

【问题说明】

楼梯斜梯板按支撑在楼梯中间混凝土墙与楼梯外围混凝土墙上进行设计，做法不尽合理。

【问题解析】

此种做法虽然减小了楼梯斜板的跨度，但混凝土墙施工通常按层高支模板、浇筑混凝土，斜梯板上下钢筋需在墙上预留，预留钢筋位置难以保证，且增加了墙的施工难度。

图示楼梯斜梯板两侧已设置 L-2 梯梁，之间跨度不大，按斜梯板支撑在两侧 L-2 梯梁的方案设计更为合理。

结构类型	BIAD 结构施工图 常见问题解析
混凝土结构	
问题分类	
结构计算. 楼梯	
页码	
1.7-6	北京市建筑设计研究院有限公司

结构计算
结构布置
结构构造
设计深度

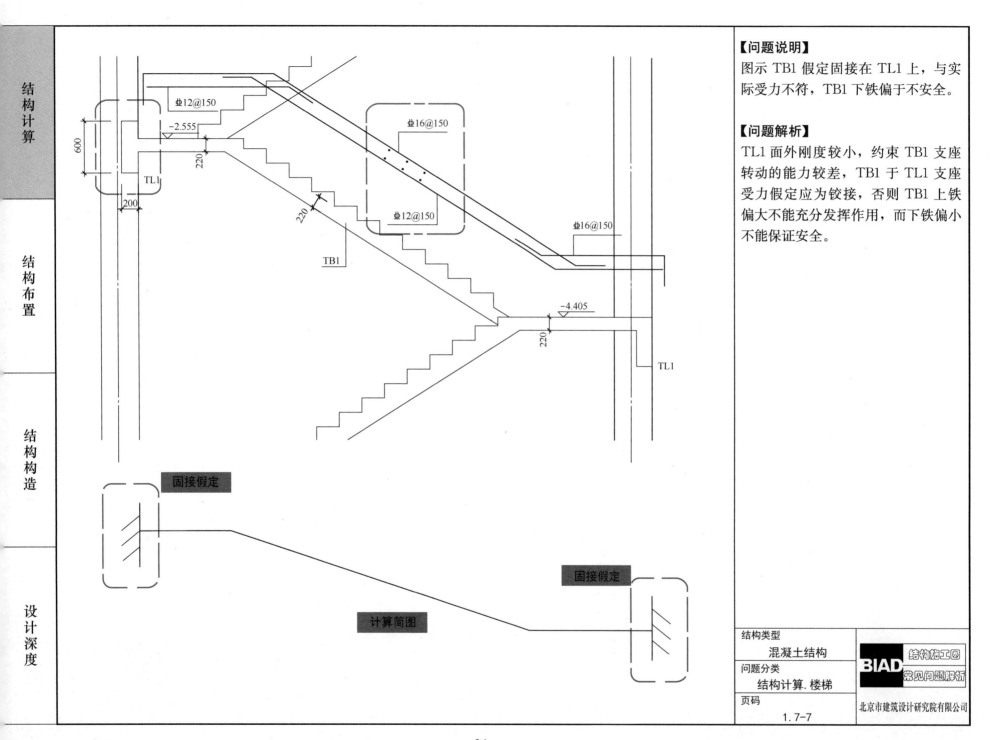

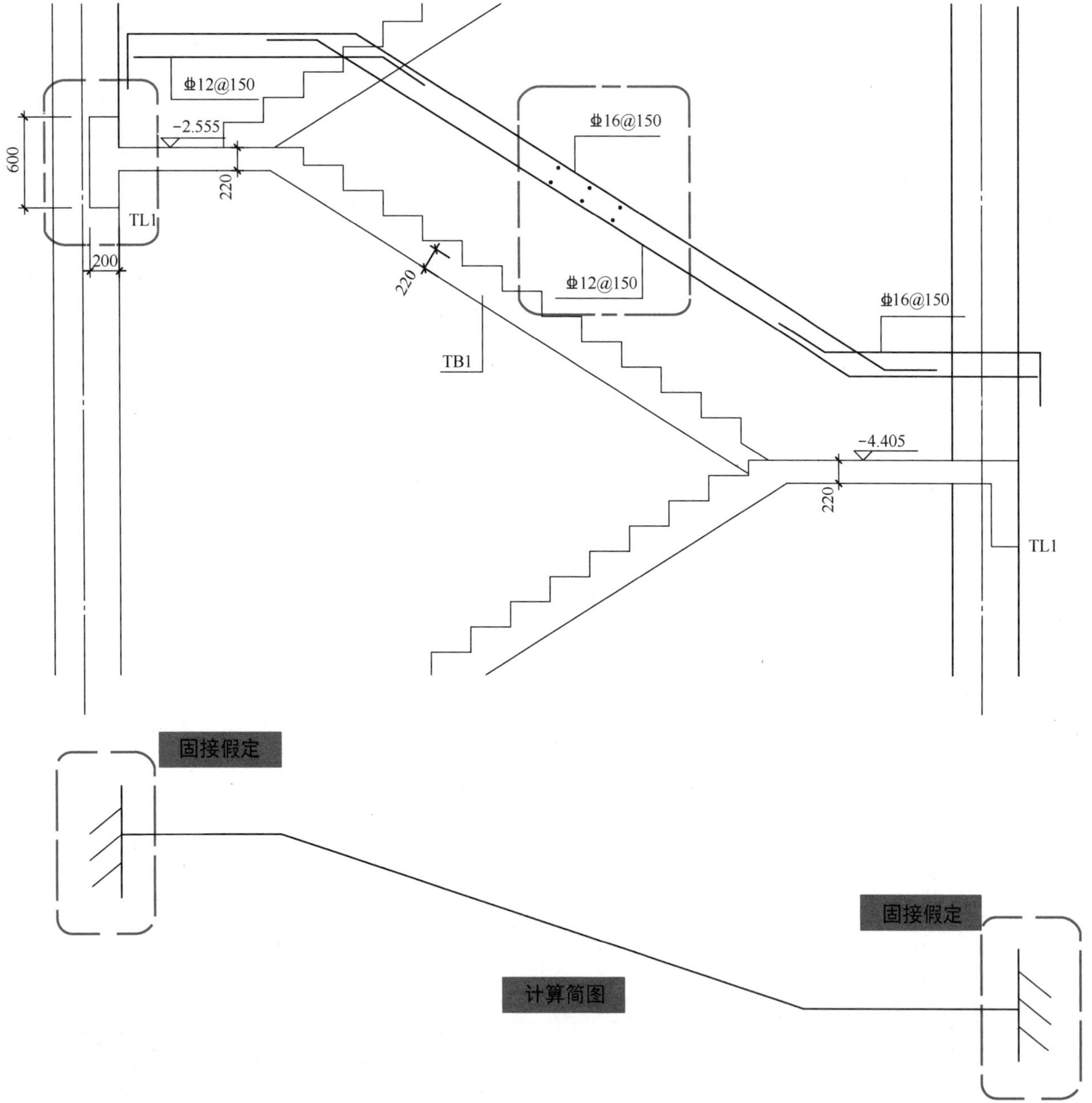

【问题说明】

图示 TB1 假定固接在 TL1 上，与实际受力不符，TB1 下铁偏于不安全。

【问题解析】

TL1 面外刚度较小，约束 TB1 支座转动的能力较差，TB1 于 TL1 支座受力假定应为铰接，否则 TB1 上铁偏大不能充分发挥作用，而下铁偏小不能保证安全。

结构类型 混凝土结构	BIAD 结构施工图常见问题解析 北京市建筑设计研究院有限公司
问题分类 结构计算. 楼梯	
页码 1. 7-7	

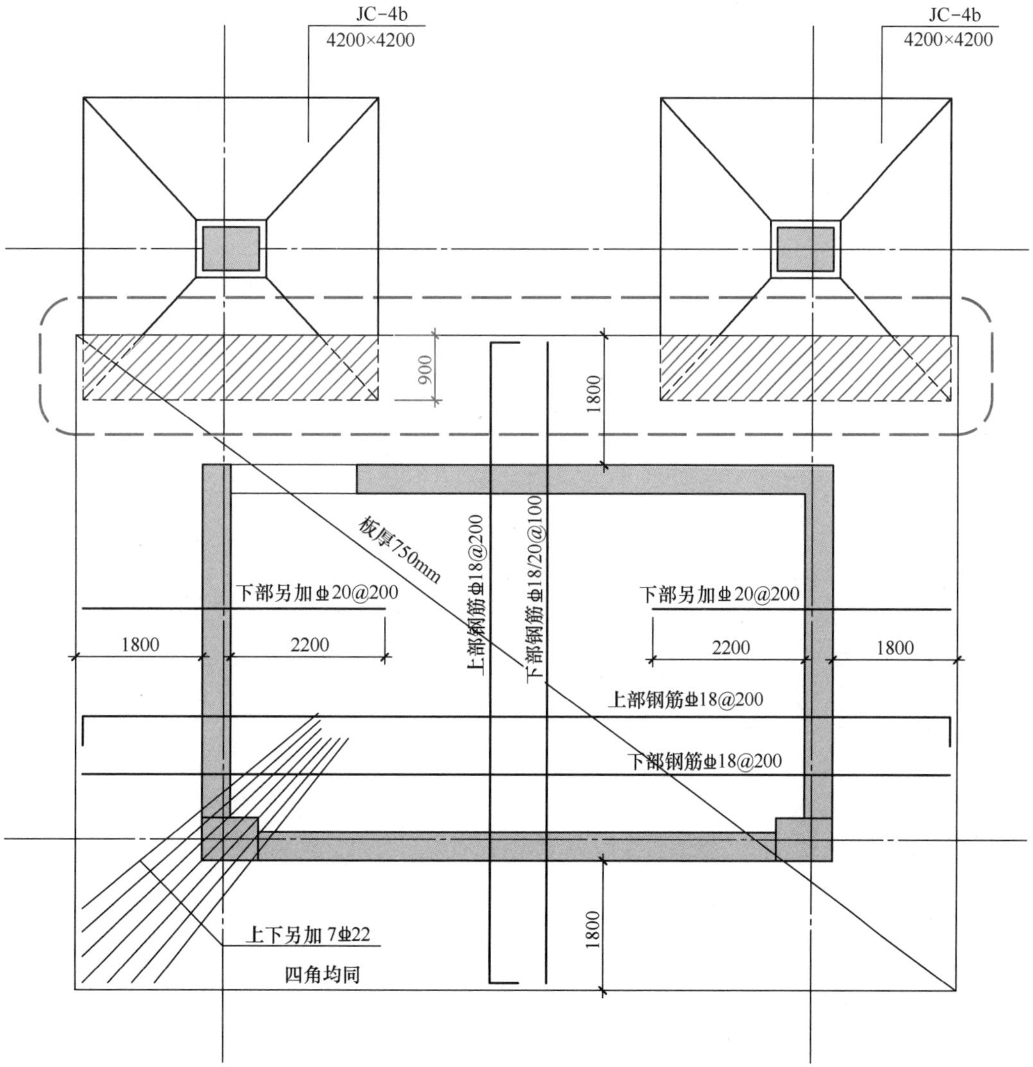

【问题说明】

图示筒体下筏板与相邻两个独立基础底位于同一标高，筏板与独立基础平面交叠 900mm 布置不妥，且与计算假定柱基与筏板相互独立不符合。

【问题解析】

独立基础应与筏板基础相互独立布置，图示布置方式交叠处地基面积重复使用，实际基础面积小于计算假定的基础面积，基底反力分布和基础内力，与计算假定存在较大差异。按照柱基与筏板相互独立的假定进行基础配筋，与实际受力情况不符，局部承载力可能会不满足承载力要求。

结构类型	
混凝土结构	BIAD 结构施工图常见问题解析
问题分类	
结构布置. 基础	
页码	北京市建筑设计研究院有限公司
2. 1-1	

结构计算

结构布置

结构构造

设计深度

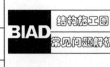

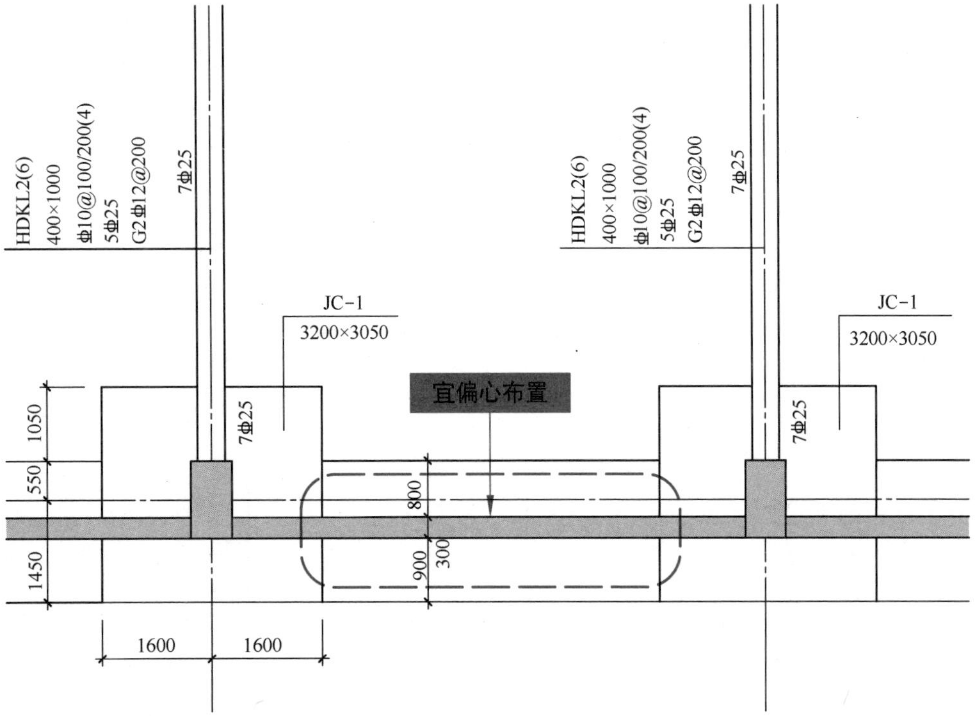

【问题说明】

图示挡土墙下条形基础宜偏心布置。

【问题解析】

由于挡土墙底弯矩将传至基础，墙下基础布置宜尽量减小偏心影响，使基底受力均匀。

结构类型 混凝土结构	BIAD 结构施工图常见问题解析 北京市建筑设计研究院有限公司
问题分类 结构布置. 基础	
页码 2. 1-2	

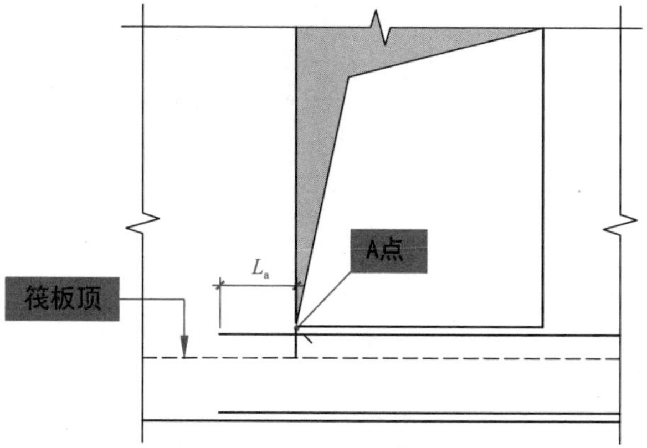

DL5纵剖面

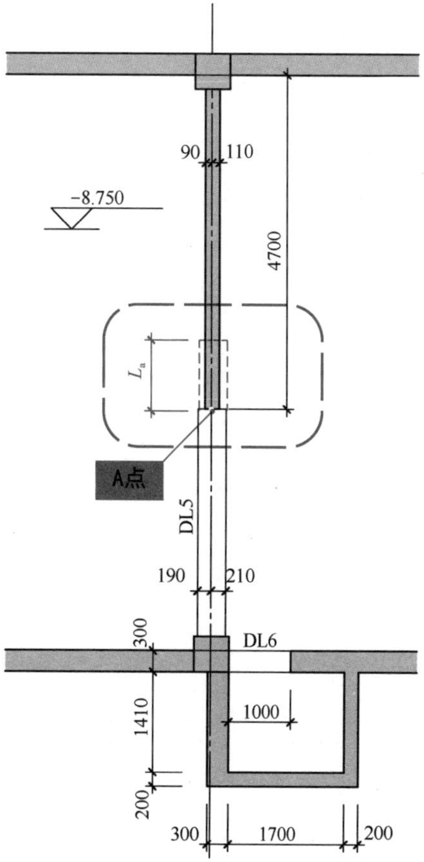

【问题说明】

图示筏板基础剪力墙洞下地梁 DL5 宽度 400mm 大于 A 点支座剪力墙 200mm，地梁截止到 A 点处做法欠妥。

【问题解析】

1. 若 DL5 地梁因抗剪受力要求宽度 400mm，图示作法地梁 DL5 在 A 点与墙相连的宽度仍然只有 200mm，不能满足抗剪要求。

2. 图示作法 DL5 地梁上部纵筋不能全部锚固至支座。

正确作法可将地梁向墙内延伸一段，其长度不小于 L_a，即可保证纵筋的锚固要求，也可满足抗剪要求。

结构类型	
混凝土结构	BIAD 结构施工图 常见问题解析
问题分类	
结构布置．基础	
页码	
2.1-3	北京市建筑设计研究院有限公司

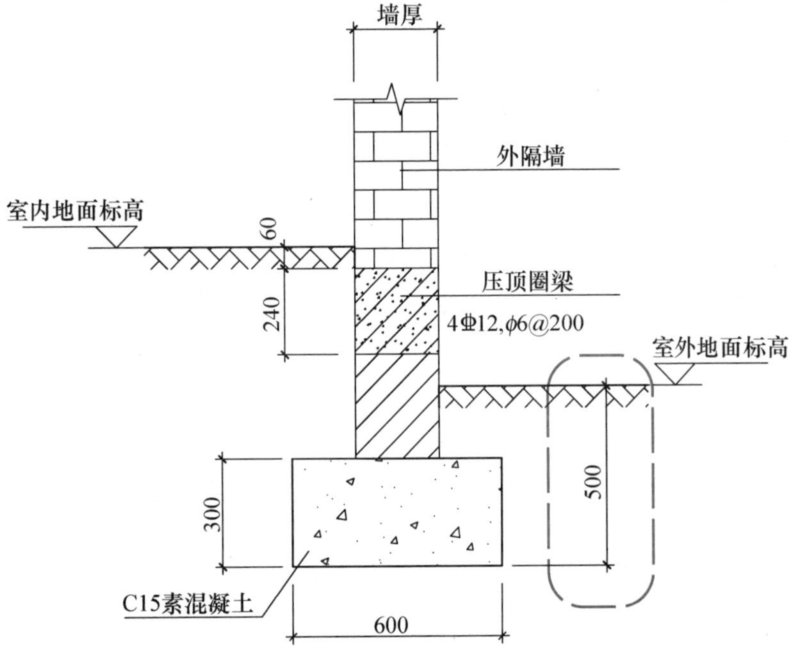

外墙基础详图

【问题说明】

图示项目位于北京大兴区，建筑外隔墙基础埋深 0.5m 浅于规范规定的 0.8m 地区标准冻结深度。

【问题解析】

冰冻线以上地基在气候严寒时土壤冰冻，随之便有冻胀力的产生，季节温度升高后冻胀力又会消失，冻胀力的产生便带来了对基础的附加荷载，引起建筑隔墙变形开裂。

设计时基础埋置深度宜大于场地冻结深度，当不能满足时，必须符合《建筑地基基础设计规范》GB 50007－2011 第 5.1.7 条～5.1.9 条相关规定及相应地方地基基础标准。

结构类型	
混凝土结构	BIAD 结构施工图常见问题解析
问题分类	
结构布置.基础	
页码	北京市建筑设计研究院有限公司
2.1-4	

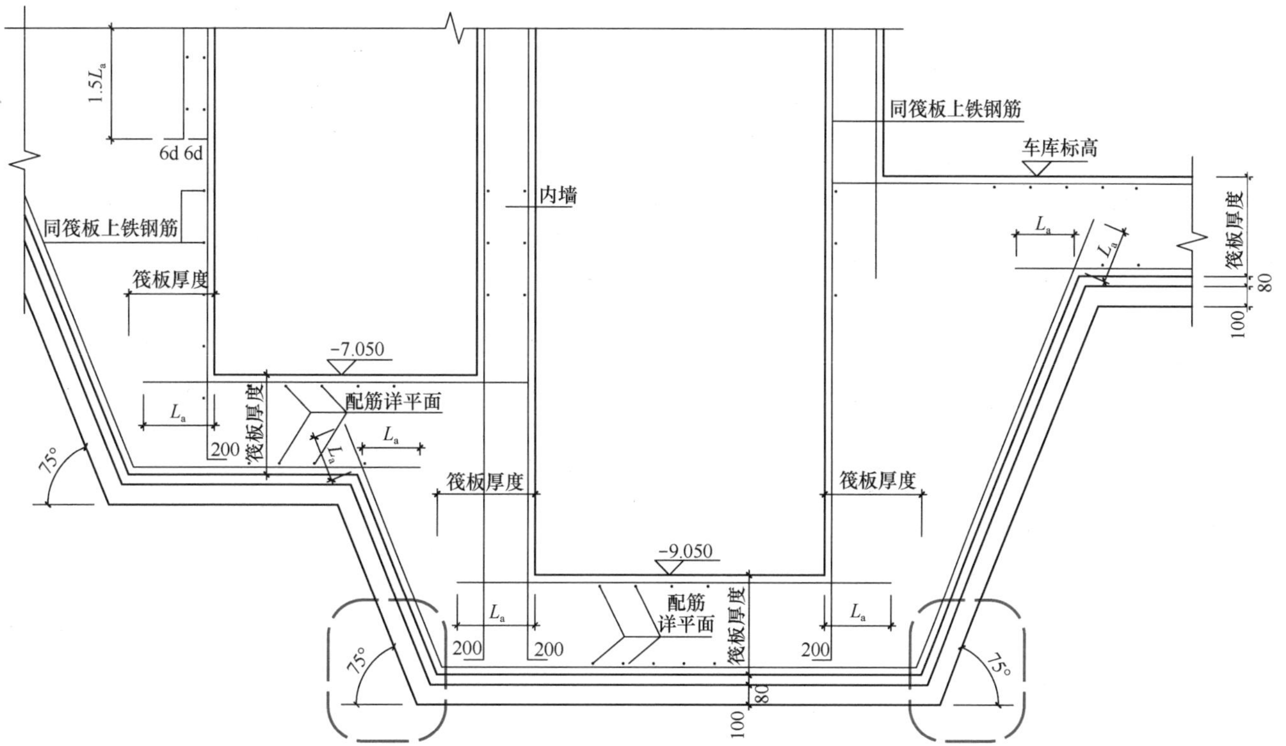

底板钢筋弯折做法

电梯集水坑处

【问题说明】

图示项目位于北京，基础基坑放坡为粉土，边坡角度大于地区规范基底土质容许坡度值，施工时槽底边坡难以实现。

【问题解析】

《北京地区建筑地基基础勘察设计规范》DBJ11—501—2009第10.4.3-1条规定，边坡容许坡度值可参照表10.4.3-1、10.4.3-2土质边坡坡度允许值的要求选用。应根据工程基底土质按规范选用基坑边坡，否则设计的槽底边坡施工时可能坍塌。

结构类型 混凝土结构	BIAD 结构施工图常见问题解析
问题分类 结构布置.基础	
页码 2.1-5	北京市建筑设计研究院有限公司

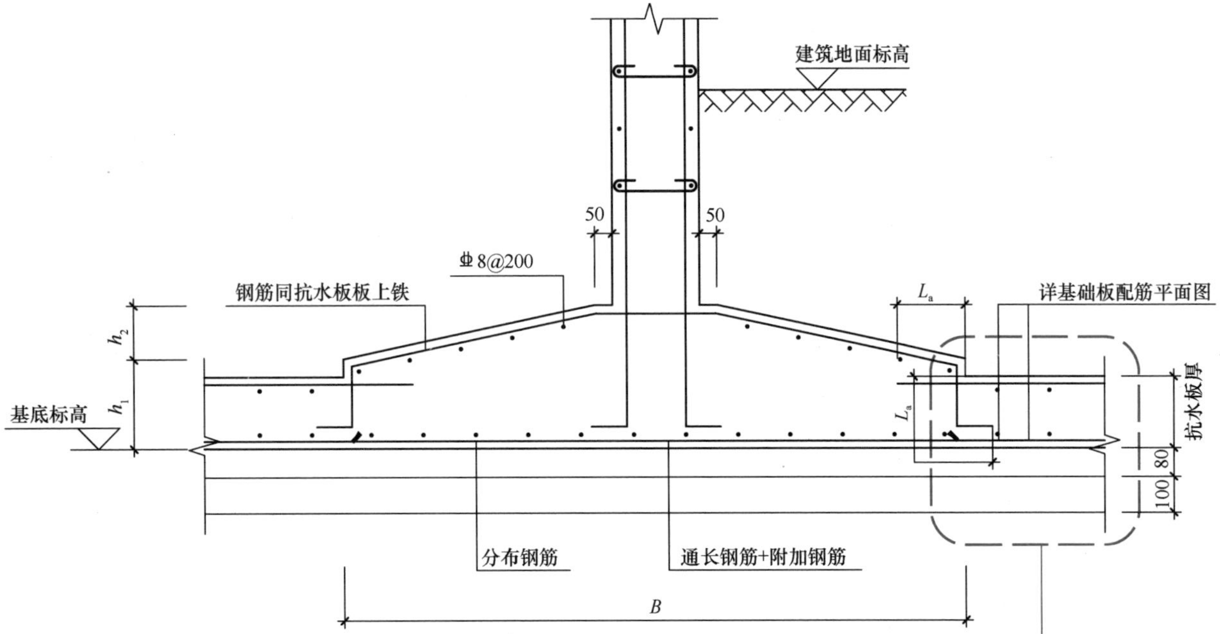

条形基础大样

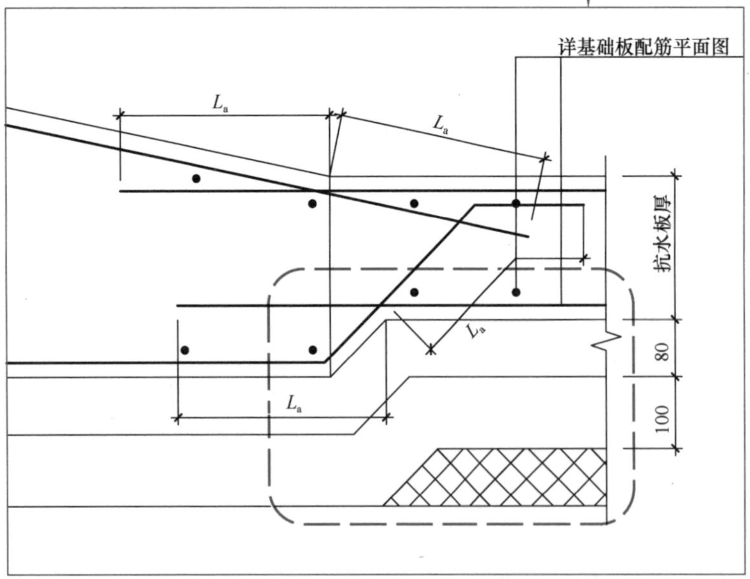

【问题说明】

图示防水板下设计时未布置易压缩材料（如 80～150mm 厚容重 $18kg/m^3$ 聚苯软垫层），防水板可能因为基础沉降引起开裂。

【问题解析】

抗水板下应设置易压缩材料形成软垫层，以使受力传递清晰，如果持力层为岩石等硬土层，基础沉降量小，基础与防水板之间的相互影响可以忽略，防水板下不设软垫层是可以的。当持力层较软，地基沉降较大时，抗水板下不设软垫层，防水板与基础连在一起，其受力状态与筏板基础相类似，若设计时不考虑此不利影响，防水板可能会因承载力不足而开裂，丧失防水板的功能。

结构类型 混凝土结构	BIAD 结构施工图 常见问题解析
问题分类 结构布置.基础	
页码 2.1-6	北京市建筑设计研究院有限公司

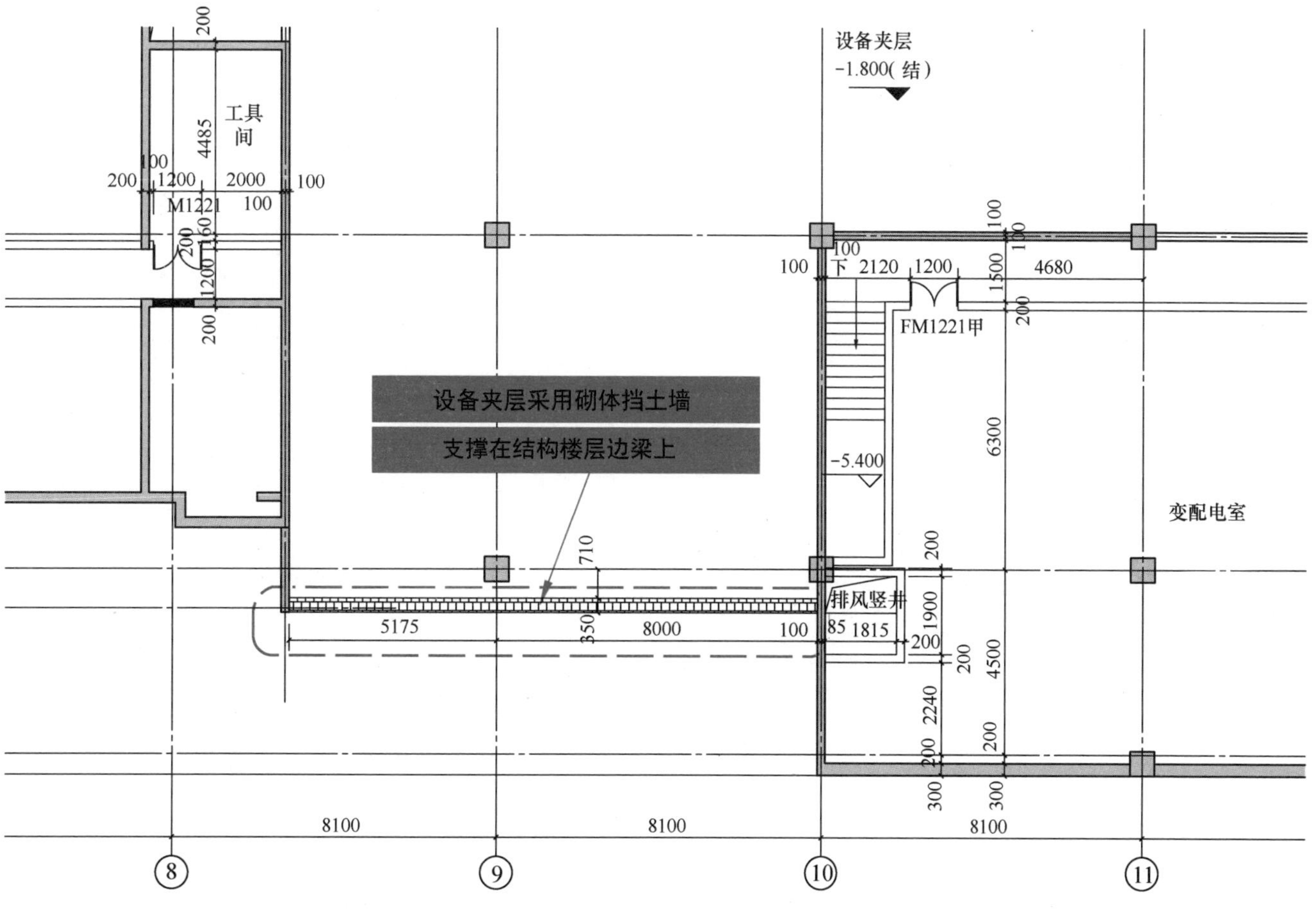

地下一层平面

【问题说明】

图示地下室防水等级为一级，局部地下一层 1220mm 高挡土墙采用砌体结构不符合规范应采用防水混凝土的强条要求。

【问题解析】

防水混凝土的密实性具有一定防水能力，还可满足一定的耐冻融及侵蚀要求。砌体挡土墙虽可抵抗侧向土压力作用，但砌块之间粘结处易出现裂缝，自身防水性能差。

依据《地下工程防水技术规范》GB 50108—2008 第 3.1.4 条规定，“地下工程迎水面主体结构应采用防水混凝土，并应根据防水等级采用其他防水措施。”图示砌体挡土墙应改为防水混凝土挡土墙。

结构类型	
混凝土结构	BIAD 结构施工图常见问题解析
问题分类	
结构布置. 挡土墙	
页码	北京市建筑设计研究院有限公司
2.2-1	

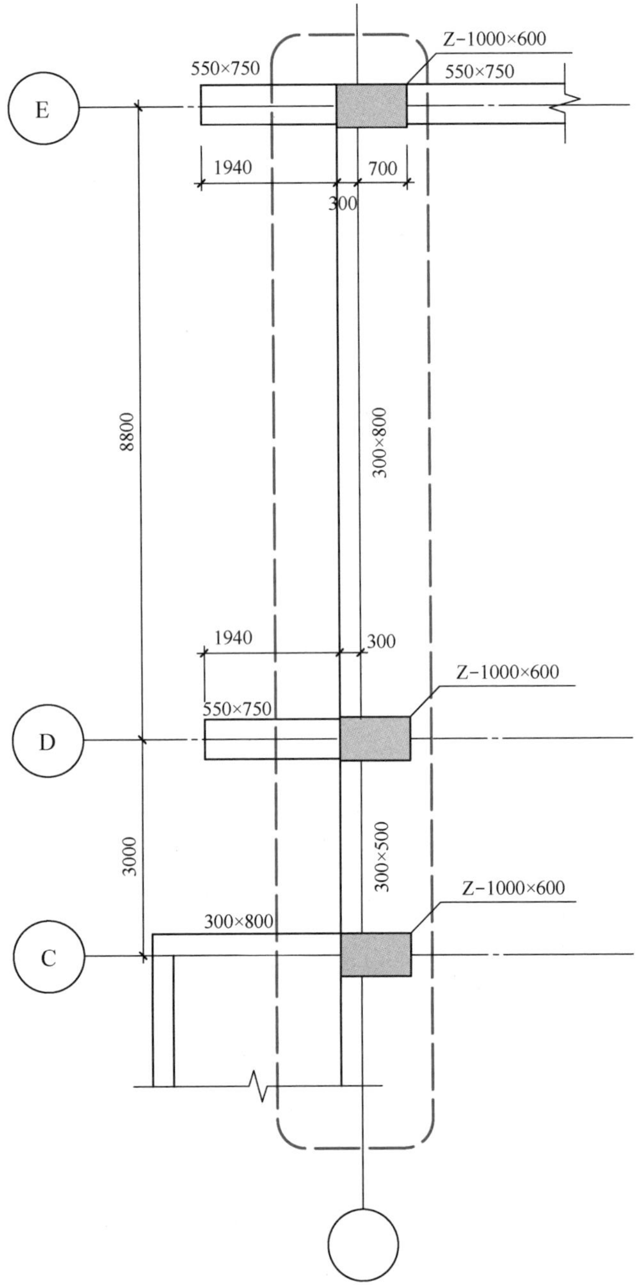

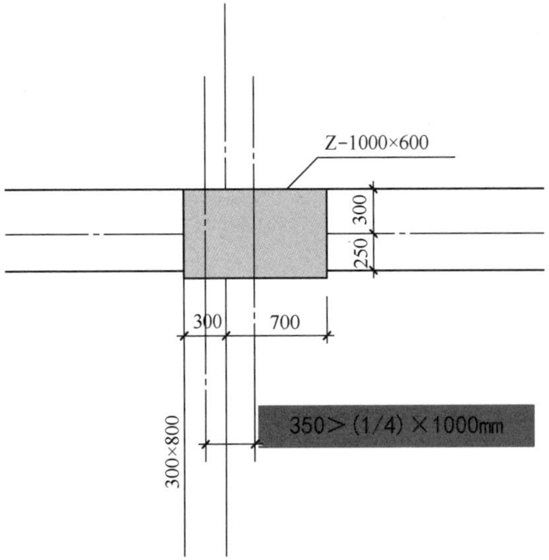

【问题说明】

图示框架梁中心线与框架柱中心线偏心距为350mm，大于柱宽的1/4，未采取相应措施。

【问题解析】

1. 柱节点核心区的抗剪截面与梁宽、梁与柱偏心距等有关，且随着梁与柱偏心距的增大，核心区有效验算宽度减小，核心区抗剪能力下降。

2. 梁柱偏心时，梁对柱将产生偏心弯矩，偏心越大不利影响越大。

规范给出框架梁中心线与框架柱中心线偏心距不大于柱宽的1/4时，核心区的抗剪有效验算宽度折减计算方法，当偏心距超过1/4柱宽时，需采用梁水平加腋减小偏心距，增加核心区有效验算宽度，同时应加强柱的箍筋，增强核心区的抗剪能力。另通过梁水平加腋，可减小附加弯矩对柱不利影响。

依据《建筑抗震设计规范》GB 50011—2010第6.1.5条规定，“框架结构和框架-抗震墙结构中，框架和抗震墙应双向设置，柱中线与抗震墙中线、梁中线与柱中线之间偏心距大于柱宽的1/4时，应计入偏心的影响。”另在《高层建筑混凝土结构技术规程》JGJ 3—2010第6.1.7条，对于框架梁柱偏心、梁宽加腋要求及节点有效宽度的计算有更详细的规定。

结构类型 混凝土结构	BIAD 结构施工图 常见问题解析 北京市建筑设计研究院有限公司
问题分类 结构布置. 梁	
页码 2.3-1	

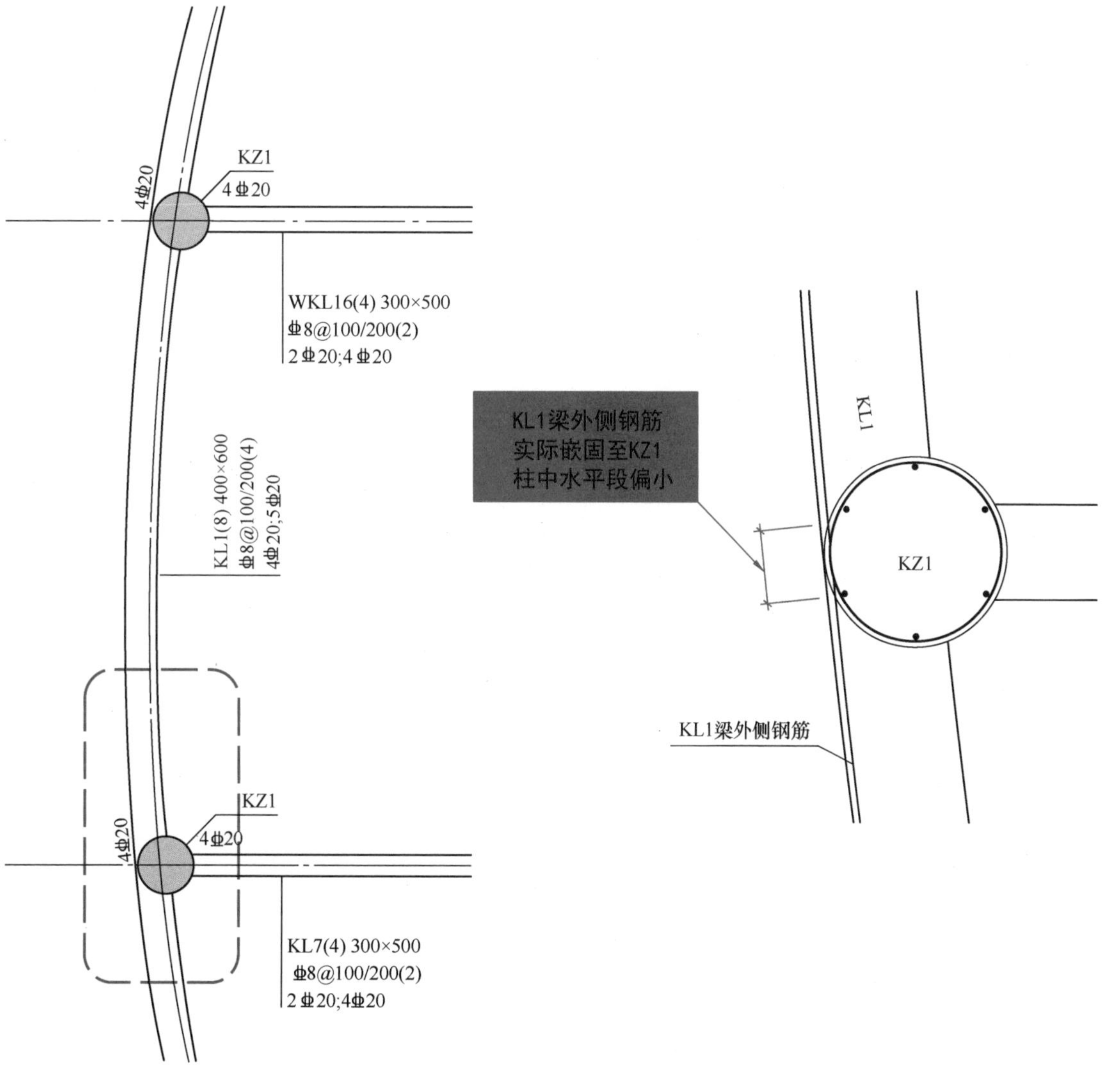

【问题说明】

框架梁 KL1 外边线与圆柱 KZ1 相切布置，梁外侧纵筋深入支座不符合抗震规范规定锚固长度。

【问题解析】

梁纵筋承受的拉压力靠柱节点处混凝土粘结握裹力传递至柱子，当锚固长度不足时，将不能把拉压力完全传至柱子，并可能从混凝土中抽离失效。即使锚固长度足够，当混凝土柱外侧劈裂时，贴近柱外皮的梁受力纵筋易失锚退出工作。

《混凝土结构设计规范》GB 50010—2010 第 11.6.7.1 条规定，框架梁上部钢筋的直径要满足不大于所在位置圆柱截面弦长一定比例，就是要求保证梁纵筋在柱子范围内有足够的锚固长度。另在《高层建筑混凝土结构技术规程》JGJ 3—2010 第 6.3.3.3 条给予同样的要求。

所以梁应避免与圆柱外皮齐平布置，以保证梁受力安全。

结构类型 混凝土结构	BIAD 结构施工图常见问题解析
问题分类 结构布置. 梁	
页码 2. 3-2	北京市建筑设计研究院有限公司

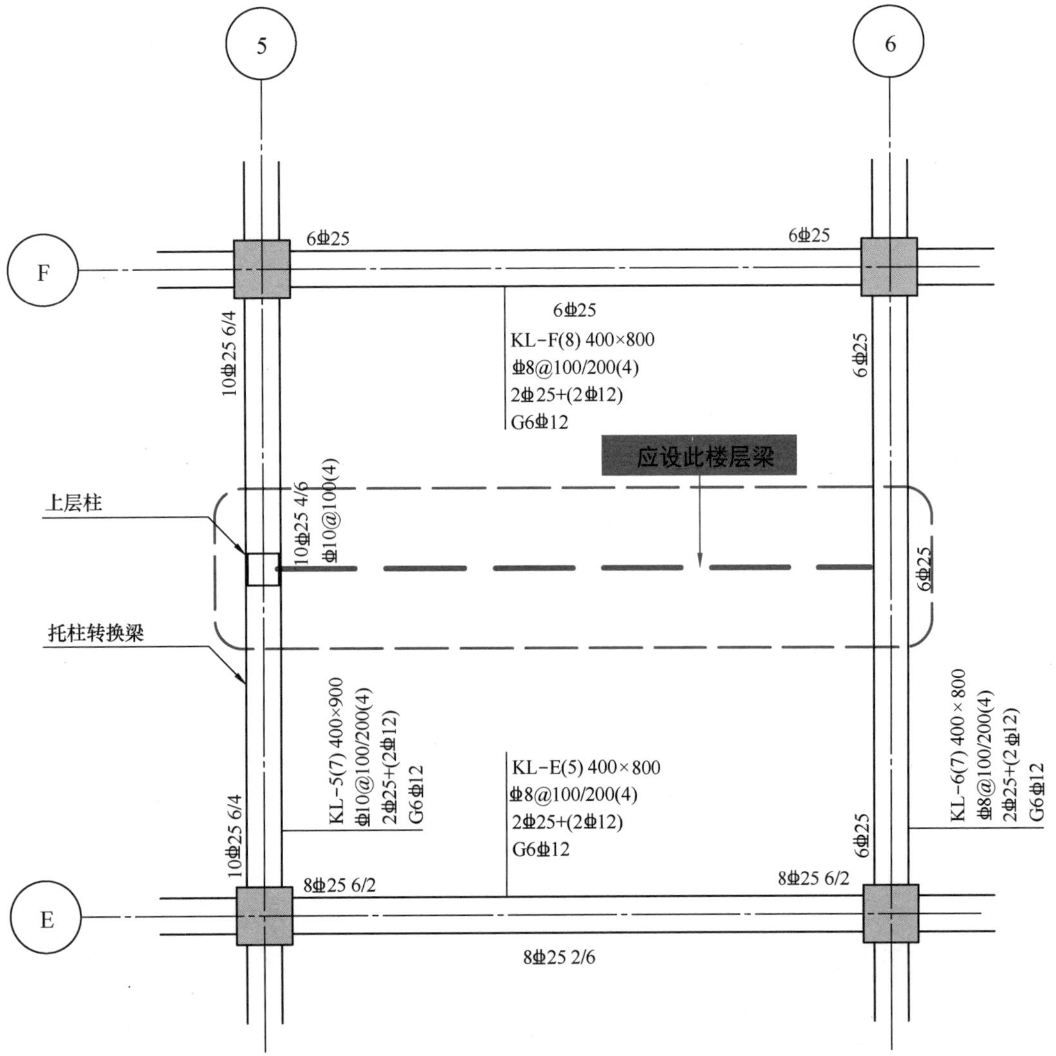

【问题说明】

宜在垂直托柱转换梁方向，于上层柱底布置楼层梁。

【问题解析】

上层柱的柱底弯矩将传至托柱转换梁，宜在垂直托柱转换梁方向，于上层柱底布置楼层梁平衡柱底在转换梁面外的弯矩，以避免托柱转换梁承受过大的扭转作用。《高层建筑混凝土结构技术规程》JGJ 3—2010 第10.2.8.9条规定，“托柱转换梁在转换层宜在托柱位置设置正交方向的框架梁或楼面梁。”

结构类型	BIAD 结构施工图常见问题解析
混凝土结构	
问题分类	
结构布置.梁	
页码	北京市建筑设计研究院有限公司
2.3-3	

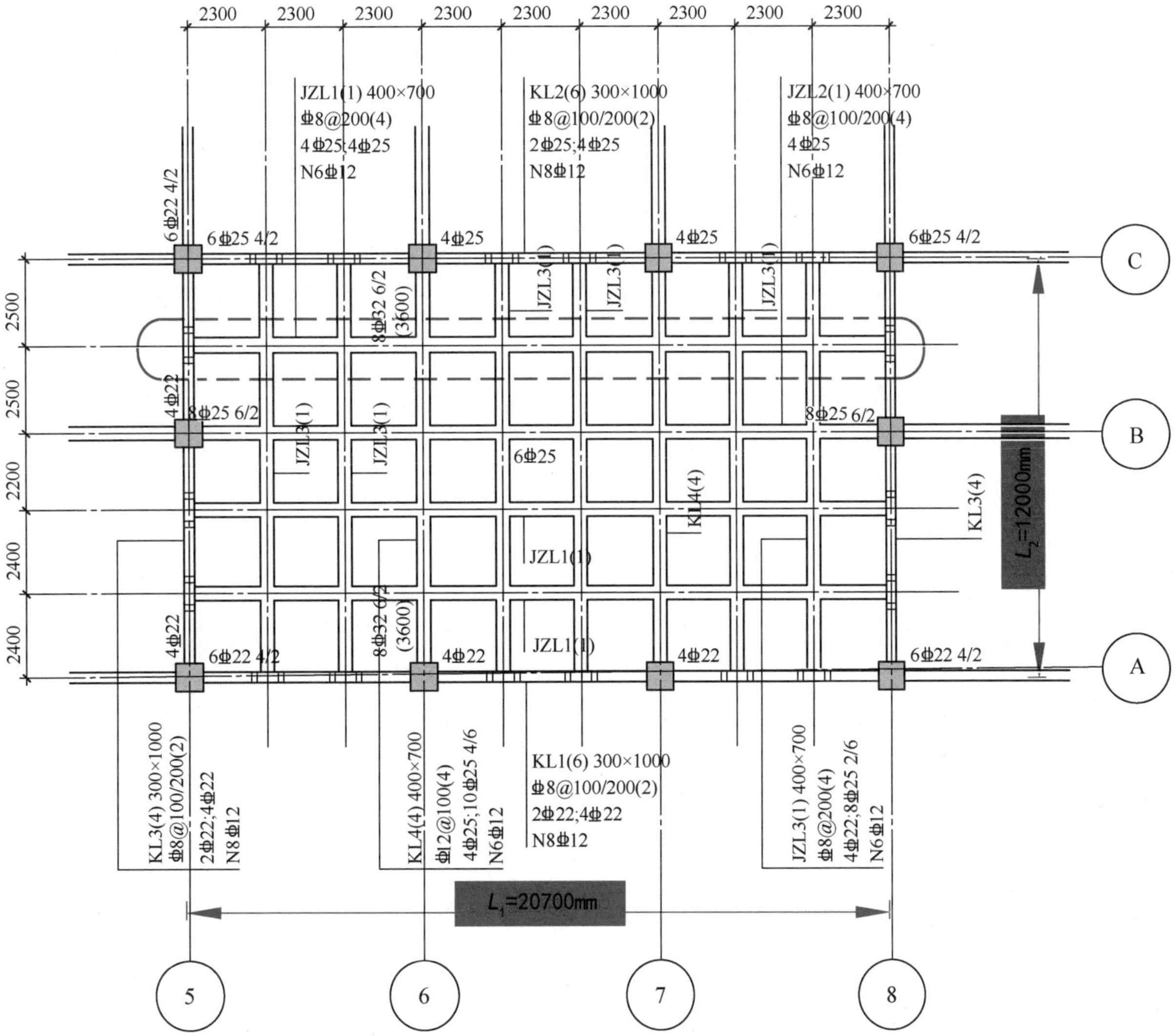

【问题说明】

图示井字梁双方向截面尺寸 400mm×700mm，由于跨度比 $L_1/L_2=1.725$ 较大，长向梁不能充分发挥作用，计算配筋多为构造，宜优化长向梁截面。

【问题解析】

由于井字梁楼盖的受力及变形性质与双向板相似，随着长短跨的跨度比值的增大，长向梁的抗弯刚度较短向梁越来越弱，楼盖荷载将主要通过短向梁传至周圈主梁，受力将变为主次梁受力形式，此时长跨梁截面应根据受力需要设计，尽量减轻自重，减小短跨梁的受力荷载。

井字梁长跨跨度 L_1 与短跨跨度 L_2 之比 L_1/L_2 一般控制不大于 1.5，跨度比大于 1.5 后长向梁的作用会大幅降低，楼盖将趋于主次梁受力体系。

结构类型	
混凝土结构	BIAD 结构施工图常见问题解析
问题分类	
结构布置. 梁	
页码	北京市建筑设计研究院有限公司
2.3-4	

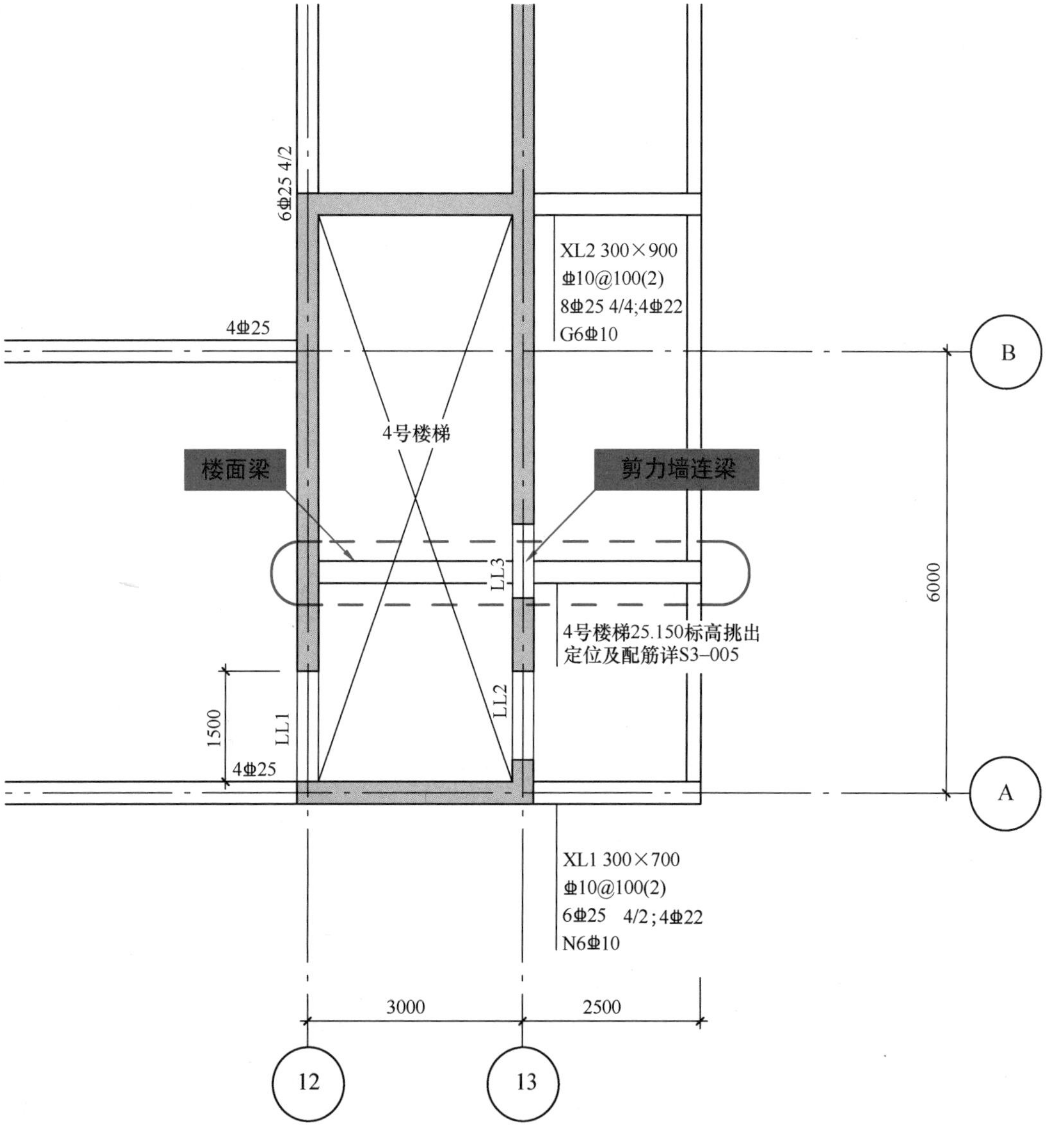

【问题说明】

楼面梁不宜支撑在剪力墙连梁上。

【问题解析】

在地震作用下，剪力墙连梁是最先破坏的耗能构件，且易发生脆性的剪切破坏。楼面梁支承在连梁上对连梁受力(如使连梁受扭)更加不利，连梁破坏后楼面梁的安全不能保证，可能会发生楼板倒塌。

当楼面梁不可避免需支撑在剪力墙连梁上时，应采取在连梁内置交叉斜筋、交叉暗撑或采用型钢混凝土连梁等措施，提高连梁的抗剪能力，另外连梁内应配置足够的纵向抗扭钢筋和箍筋。

《建筑抗震设计规范》GB 50011—2010 第 6.5.3 条规定，“楼面梁与抗震墙平面外连接时，不宜支撑在洞口连梁上”；《高层建筑混凝土结构技术规程》JGJ 3—2010 第 7.1.5 条规定“不宜将楼面梁支承在剪力墙或核心筒的连梁上”。

结构类型	
混凝土结构	BIAD 结构施工图常见问题解析
问题分类	
结构布置．梁	
页码	北京市建筑设计研究院有限公司
2.3-5	

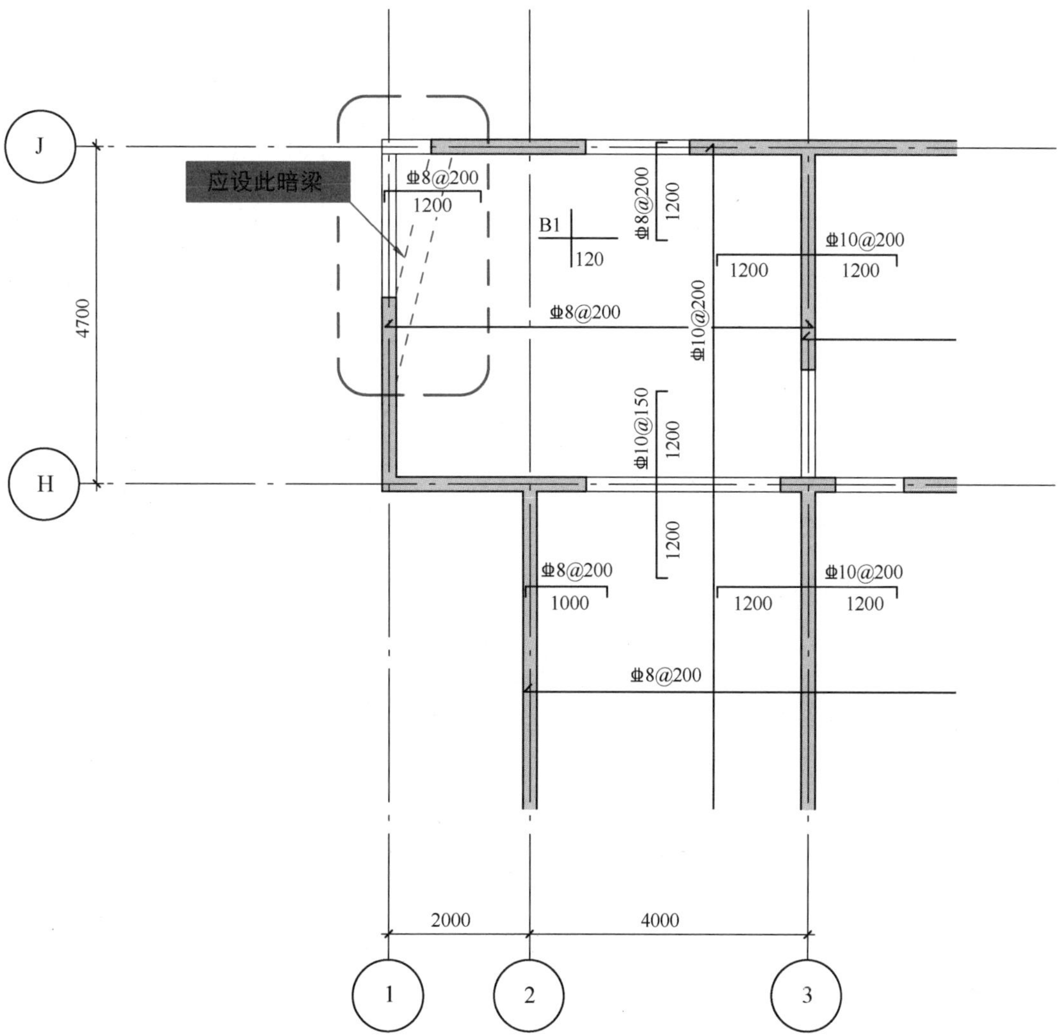

【问题说明】

外墙角部剪力墙上开设转角窗，转角处 B1 楼板 120mm 偏薄，楼板钢筋也未上下拉通，另应设置连接两侧墙端暗柱的暗梁。

【问题解析】

在双方向地震力作用下，外墙拐角受力复杂，开设角窗使两方向墙肢在转角处断开，削弱了结构抗扭刚度，对结构更加不利。另 L 形转角连梁在正常使用荷载下受扭，对楼板竖向及水平变形约束差。

所以应加强两墙肢联系，转角梁高度不宜过小，转角梁负弯矩调幅系数及扭转折减系数均应取为 1。适当加大转角楼板厚度并双向贯通配筋，保证转角楼板的承载能力。剪力墙端部约束构件间设置暗梁，加强板边约束。

结构类型	
混凝土结构	BIAD 结构施工图 常见问题解析
问题分类	
结构布置. 梁	
页码	
2. 3-6	北京市建筑设计研究院有限公司

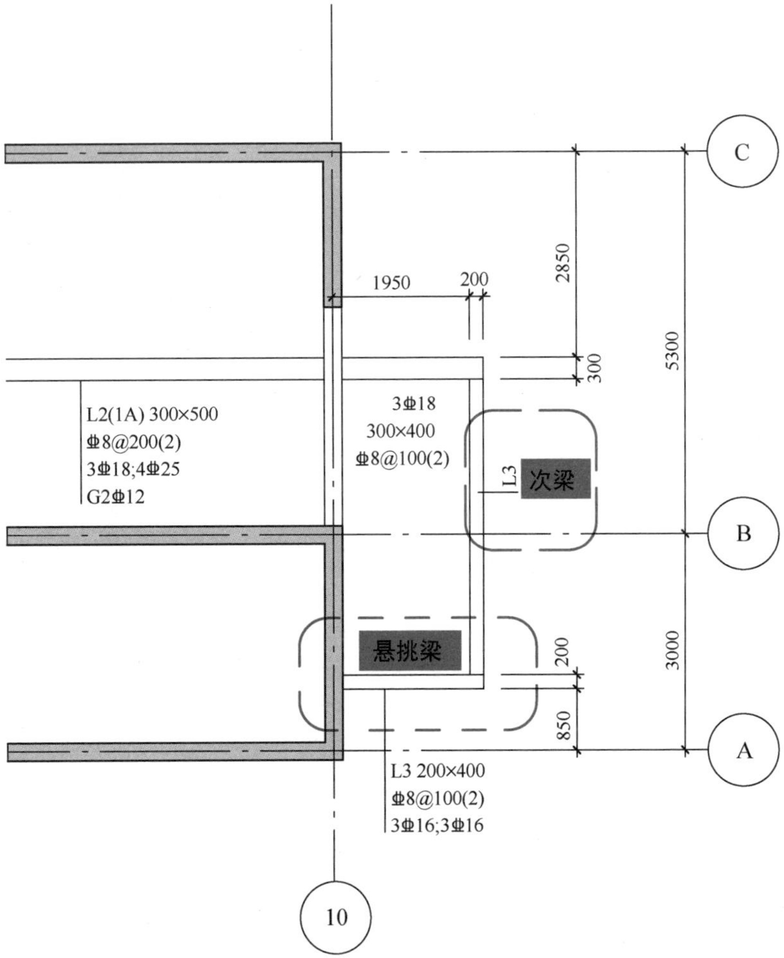

【问题说明】

1. 悬挑梁 L3 从薄墙面外直接悬挑，对墙受力不利且悬挑梁刚度不宜保证。

2. 悬挑梁 L3 与次梁 L3 受力形式不同，不应归并为相同编号。

【问题解析】

1. 较薄剪力墙暗柱截面高度小，承受面外弯矩能力有限，较大面外弯矩作用将影响墙的安全。另外较薄剪力墙对直接外悬挑的梁约束刚度不足，外悬挑梁竖向变形难以保证。

2. 悬挑梁根部受弯及受剪效应最大，根部上铁为主要受拉纵筋；简支梁跨中下部受弯最大，支座受剪最大，下铁为主要受拉纵筋。应区别编号，根据各自受力需要配置钢筋，图示以两种受力形式的梁按最不利受力包络配筋偏于浪费。

结构类型	BIAD 结构施工图常见问题解析
混凝土结构	
问题分类	
结构布置. 梁	
页码	北京市建筑设计研究院有限公司
2. 3-7	

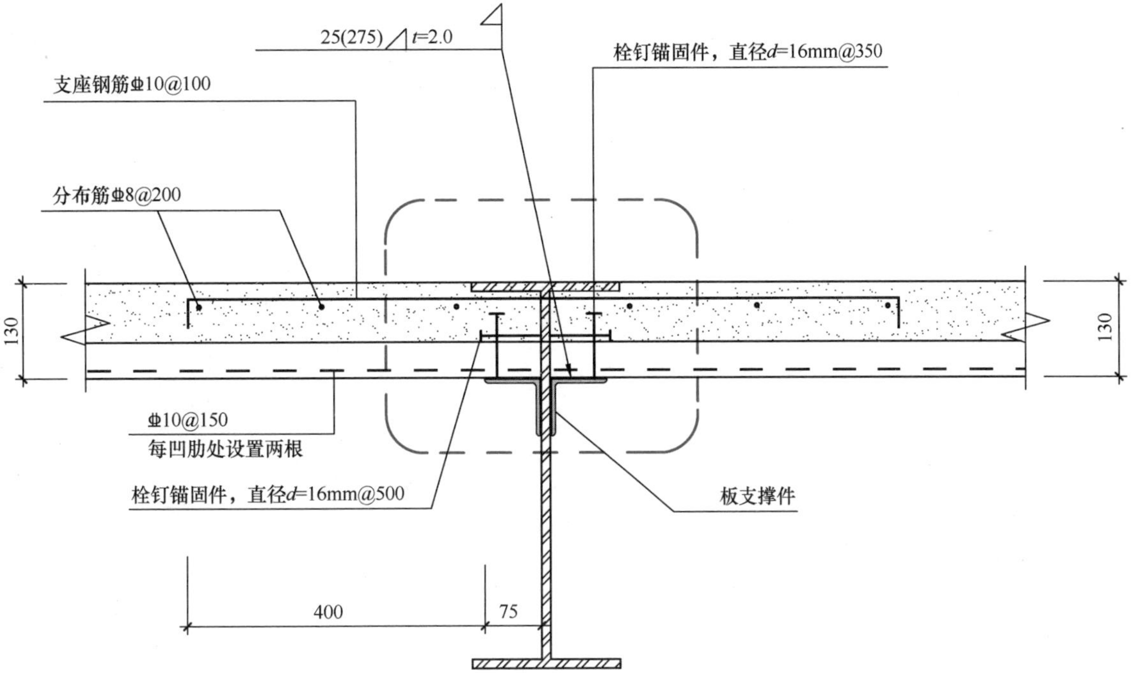

【问题说明】

压型钢板现浇叠合楼板面与支座钢梁上翼缘平齐时，楼板与钢梁连接做法施工困难，节点质量难以保证。

【问题解析】

1. 压型钢板现浇叠合楼板支座负筋需穿行钢梁腹板，钢梁腹板打孔施工量较大。
2. 压型钢板支撑在角钢支撑件上，并在支撑件上设置栓钉锚固件，栓钉的施工工艺要求焊枪须与母材工作面垂直，栓钉布置在钢梁翼缘下方时，由于板厚仅有130mm，栓钉至钢梁翼缘之间的距离不能满足焊枪的操作空间要求。
3. 由于板支撑件需要通长布置，增加了用钢量及焊接施工量。
4. 钢梁翼缘与腹板交接处混凝土很难浇筑密实，其位置为负弯矩最大处，故对板的承载力存在较大影响。

结构类型 混凝土结构	BIAD 结构施工图常见问题解析
问题分类 结构布置. 板	
页码 2.4-1	北京市建筑设计研究院有限公司

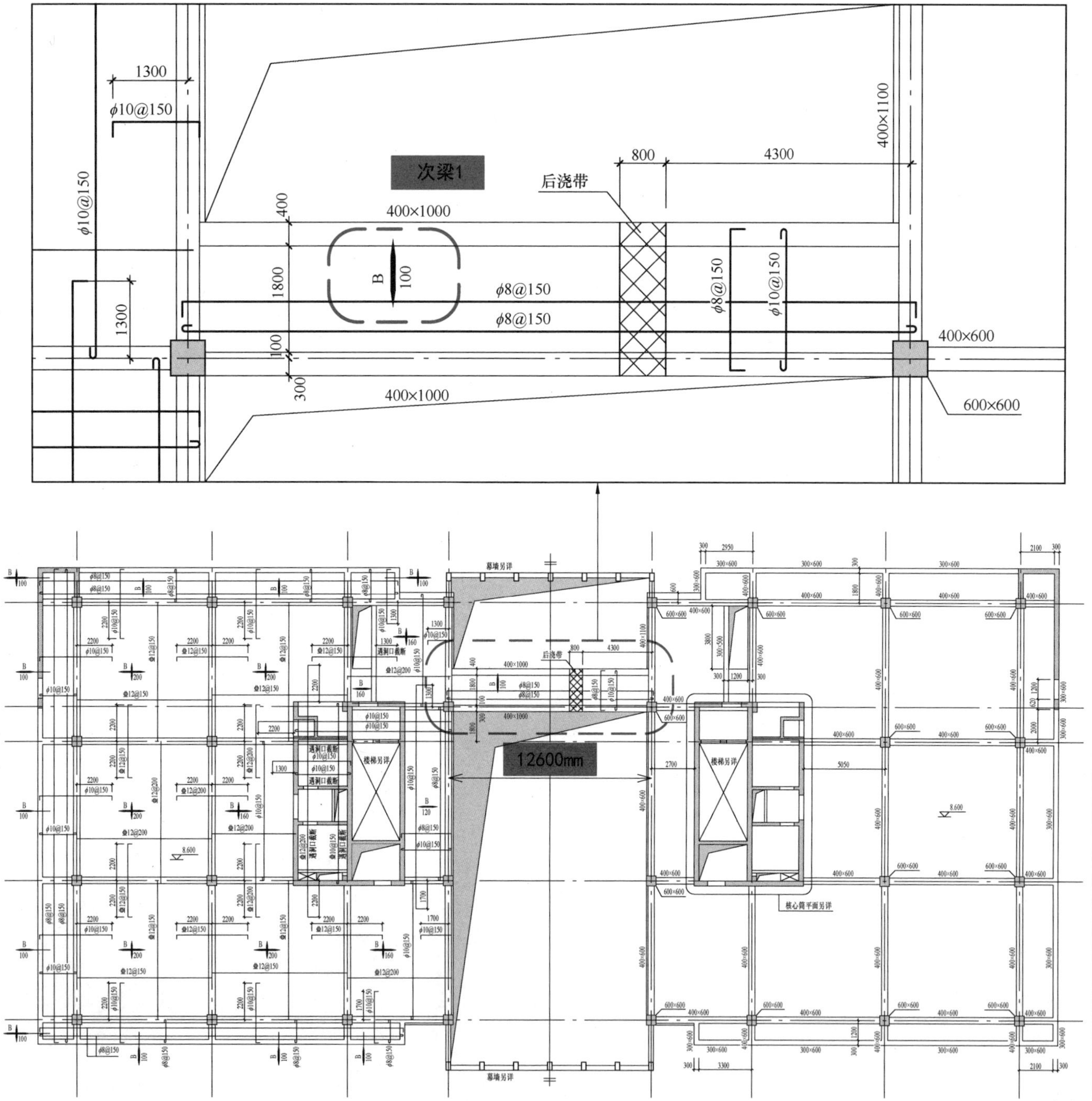

【问题说明】

中间楼板开大洞，两侧结构由宽2600mm、跨度12600mm现浇钢筋混凝土连桥连为一体，连桥板及次梁1与两侧结构拉接措施不足，大震下连桥的安全难以保证。

【问题解析】

图示两侧楼板靠宽2600mm、跨度12600mm连桥连为一体，连桥板厚100mm较薄，配筋未与两侧板筋拉通，也没有锚入两侧板内；另次梁1两端与框架梁铰接，其纵筋伸入框架梁锚固长度有限，拉接能力偏弱，当两侧结构在地震作用下产生差异变形时极易破坏。

推荐做法为：适当加大连桥板厚，上下皮钢筋宜延伸至两侧板内一跨；次梁1应延伸两侧板内一跨，以提高整体连桥受力及变形能力，尽量避免大震下连桥过早破坏。

结构类型 混凝土结构	BIAD 结构施工图常见问题解析 北京市建筑设计研究院有限公司
问题分类 结构布置. 板	
页码 2.4-2	

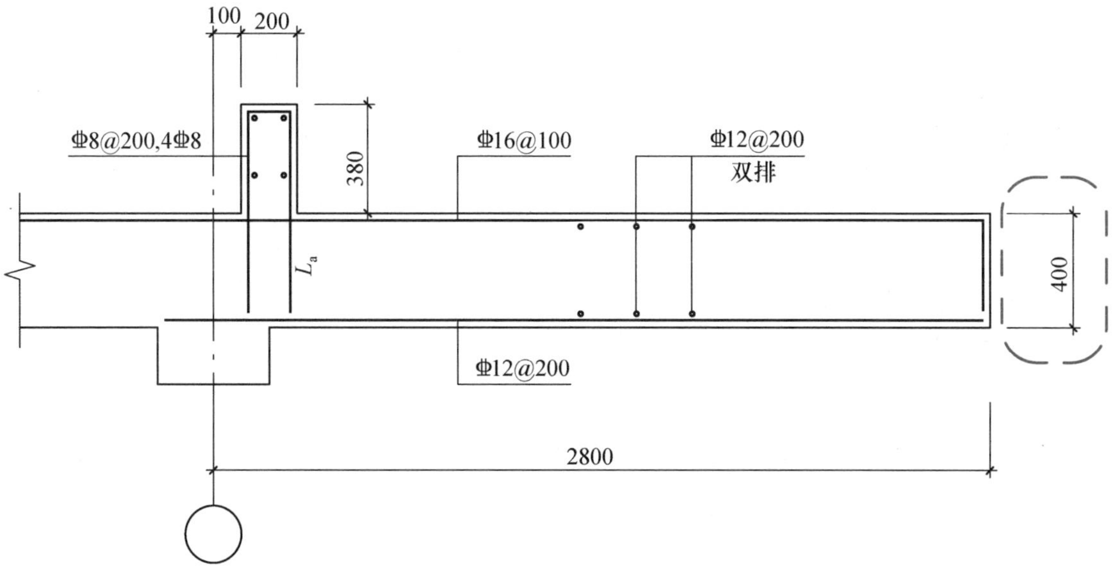

【问题说明】

图示楼板上覆有绿植，荷载较大，故板厚取为400mm。2800mm跨度悬挑板全跨设计为400mm厚度，对受力不利且偏于浪费。

【问题解析】

悬挑构件弯矩及剪力分布为根部大、端部小，根据受力需要应设计为根部厚度大、端部厚度小的变截面高度板，不仅可减轻结构自重，也节约了混凝土的用量。

结构类型	
混凝土结构	BIAD 结构施工图常见问题解析
问题分类	
结构布置. 板	
页码	北京市建筑设计研究院有限公司
2.4-3	

结构计算

结构布置

结构构造

设计深度

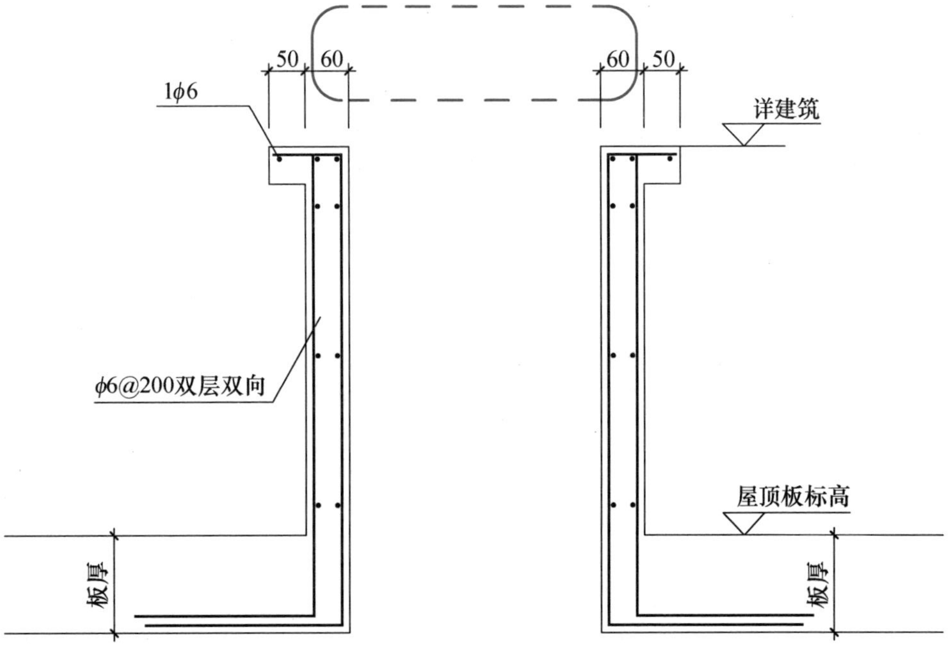

【问题说明】

出屋面洞口侧壁栏板60mm厚，配置双面钢筋时混凝土浇筑质量难以保证。

【问题解析】

规范规定板、墙受力钢筋最小保护层为15mm，图示栏板竖向钢筋净距：60－2×15－2×6＝18mm，分布钢筋净距：18－2×6＝6mm，施工时混凝土无法浇筑，密实度不能保证。

另由于此部分栏板位于室外环境，板厚不能太薄，否则无法保证其耐久性，建议不小于120mm厚。

结构类型	
混凝土结构	BIAD 结构施工图 常见问题解析
问题分类	
结构布置．详图	
页码	北京市建筑设计研究院有限公司
2.5-1	

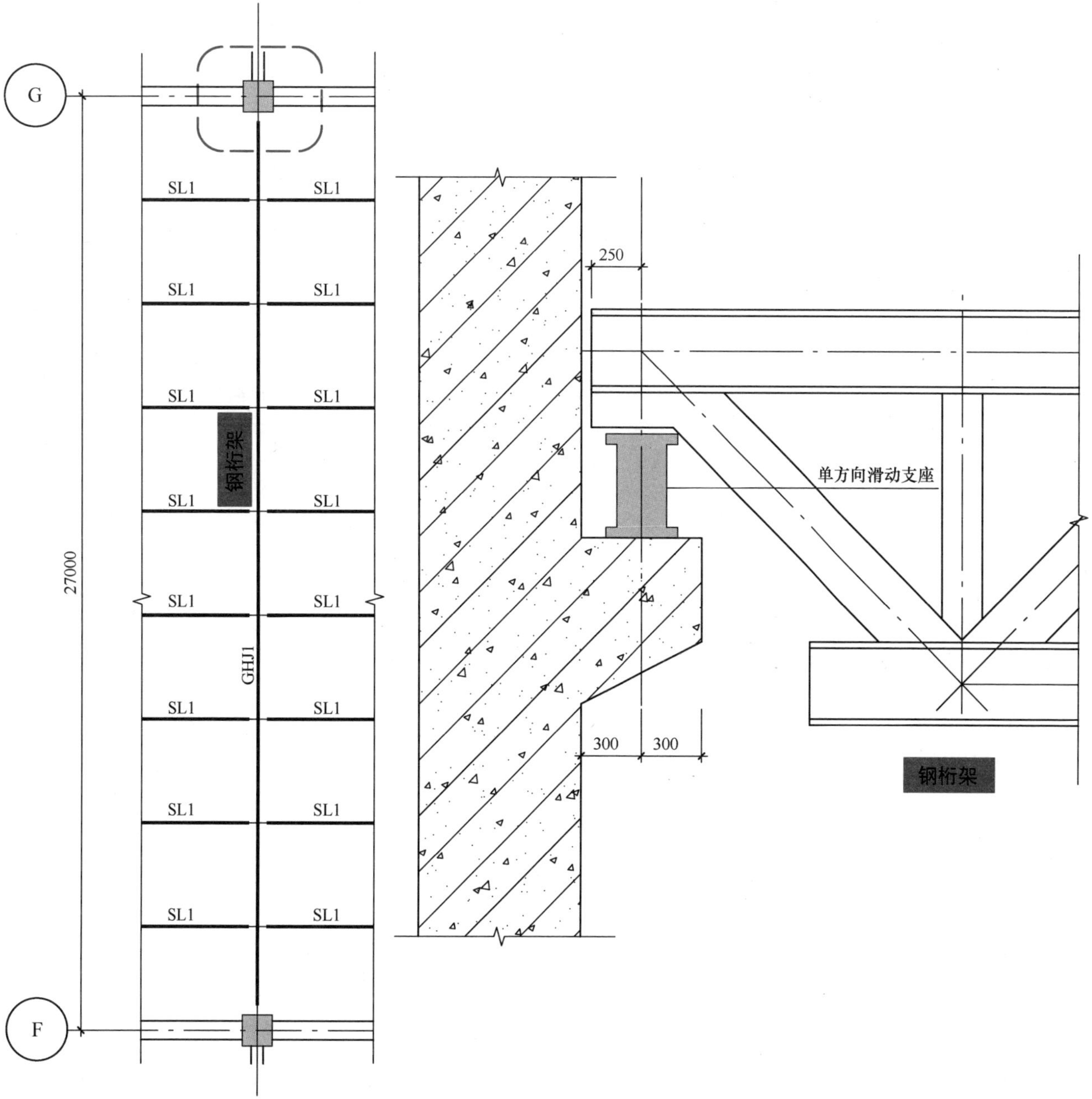

【问题说明】

图示 27000mm 跨钢梁采用水平单向滑动支座，其支撑长度不足，且未按规范要求采取限位措施。

【问题解析】

《建筑抗震设计规范》GB 50011—2010 第 10.2.16.2 条规定，大跨屋盖结构，对于水平可滑动的支座，应保证屋盖在罕遇地震下的滑移不超过支承面，并应采取限位措施，确保罕遇地震下大跨结构不致滑移出支承面。

结构类型 混凝土结构	BIAD 结构施工图 常见问题解析
问题分类 结构布置. 详图	
页码 2.5-2	北京市建筑设计研究院有限公司

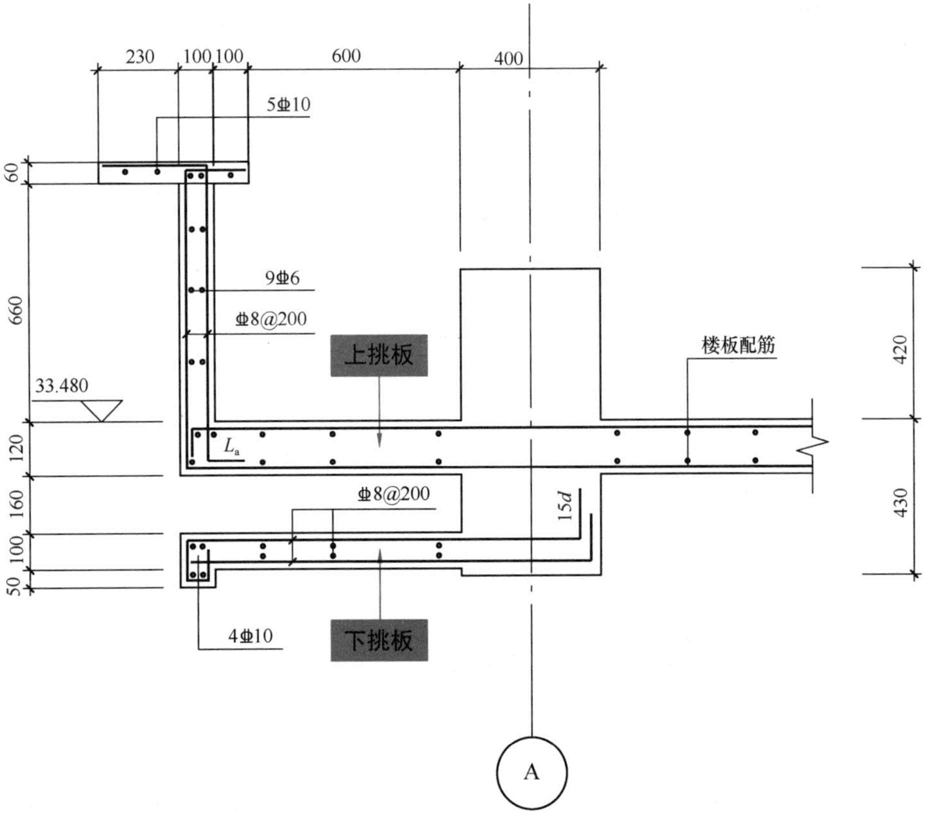

【问题说明】

外墙大样中，从结构梁上挑出上下两层挑板，上挑板与下挑板之间净距160mm，较难施工。

【问题解析】

图示做法，上挑板及下挑板净距过小，增加了施工难度，施工质量也难以保证。

结构类型	
混凝土结构	
问题分类	
结构布置. 详图	
页码	
2.5-3	

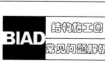

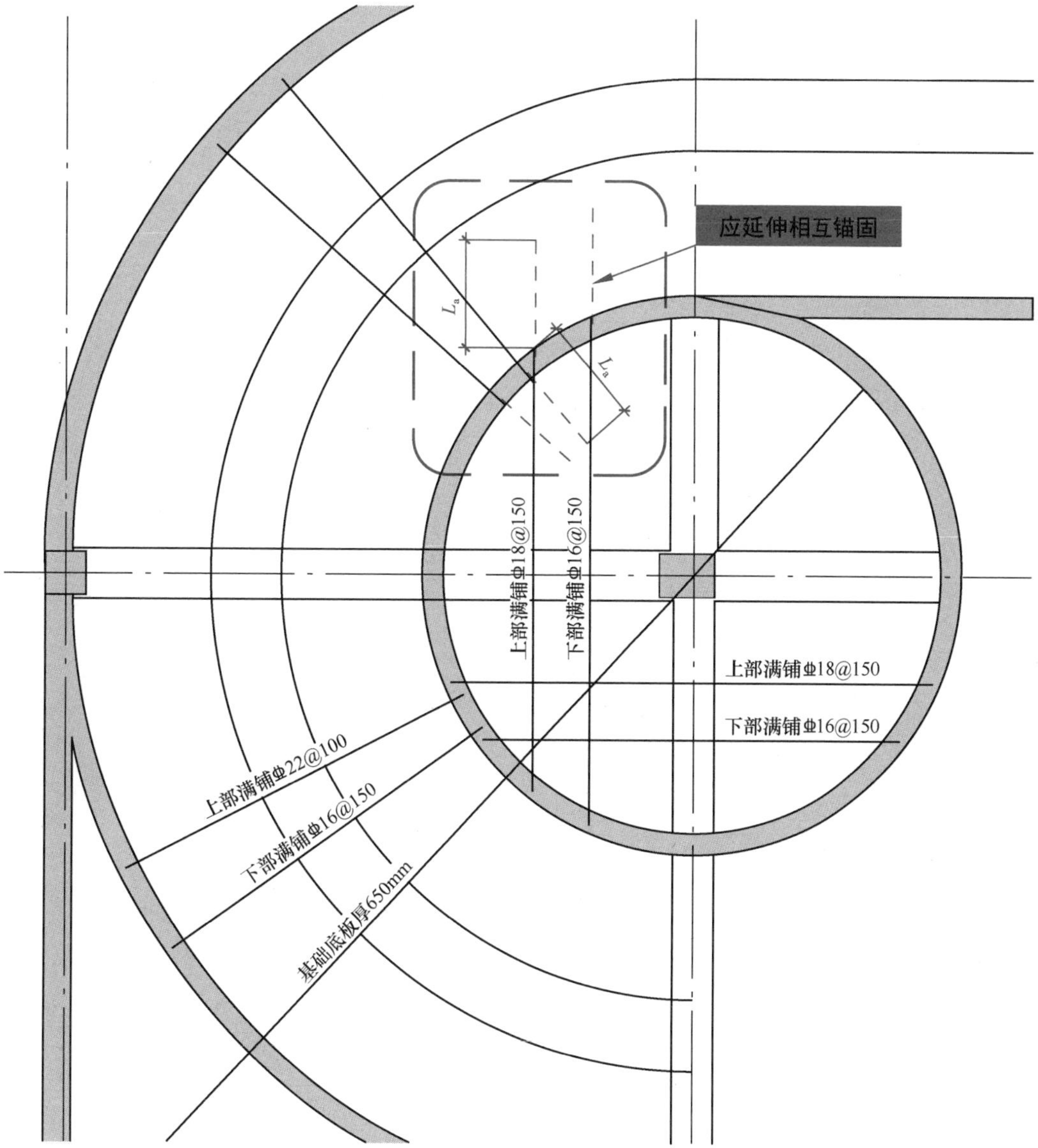

【问题说明】

图示筏板的上下铁接头在支座两侧钢筋不同方向，应分别自支座墙边锚固 L_a，否则不能满足受力或构造要求。

【问题解析】

筏板局部弯曲作用下，连续支座下皮弯矩最大，支座处板下皮钢筋要满足受拉搭接要求。

考虑筏板可能因为上部荷载的不均匀和整体弯曲的不利影响，规范构造要求筏板顶部跨中钢筋应按实际配筋全部拉通，钢筋按受拉要求连接。另底部支座钢筋应有 1/3 贯通全跨，筏板顶部和底部贯通钢筋的配筋率均不应小于 0.15%。

图示筏板的上下铁接头在支座两侧钢筋不同方向无法拉通，采用分别自支座墙边锚固 L_a 的做法，通过钢筋与混凝土的粘结锚固作用实现拉力的传递。

结构类型	
混凝土结构	BIAD 结构施工图常见问题解析
问题分类	
结构构造.基础	
页码	北京市建筑设计研究院有限公司
3.1-1	

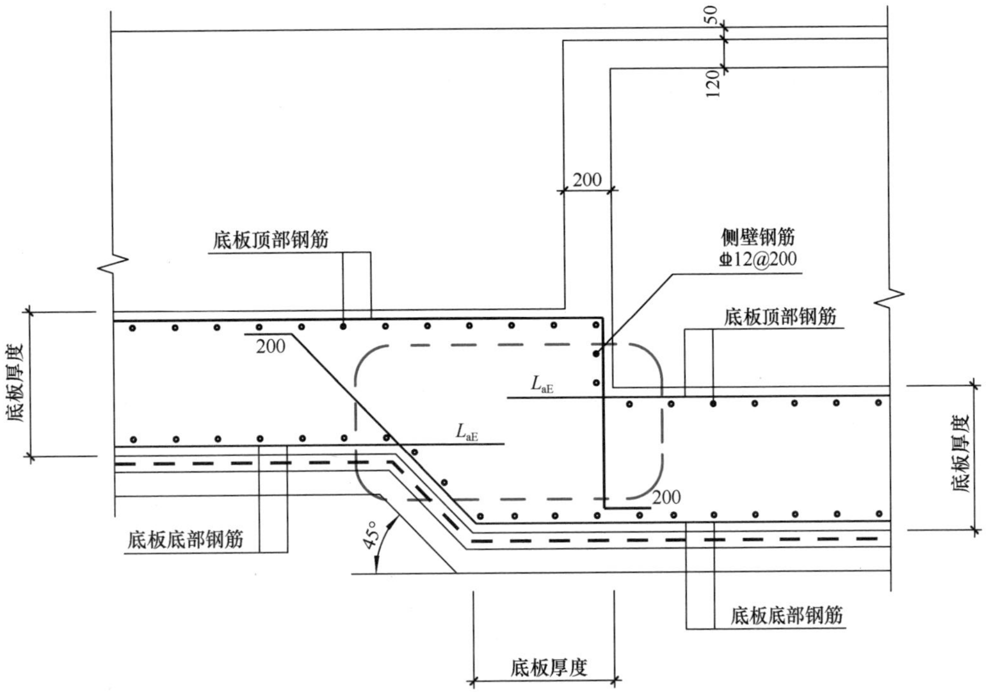

底板钢筋弯折做法（一）

【问题说明】

基础配筋构造可不考虑抗震影响，钢筋锚固长度 L_{aE} 可改为 L_a，以利节约。

【问题解析】

受地震作用的混凝土构件中的钢筋，在混凝土中的锚固端可能处于拉压反复受力状态或拉力大小交替变化状态，其粘结锚固性能较静力粘结锚固性能偏弱，故锚固长度需满足 L_{aE}。而基础受地震影响很小，钢筋锚固长度 L_a 即可。

结构类型	混凝土结构
问题分类	结构构造. 基础
页码	3.1-2

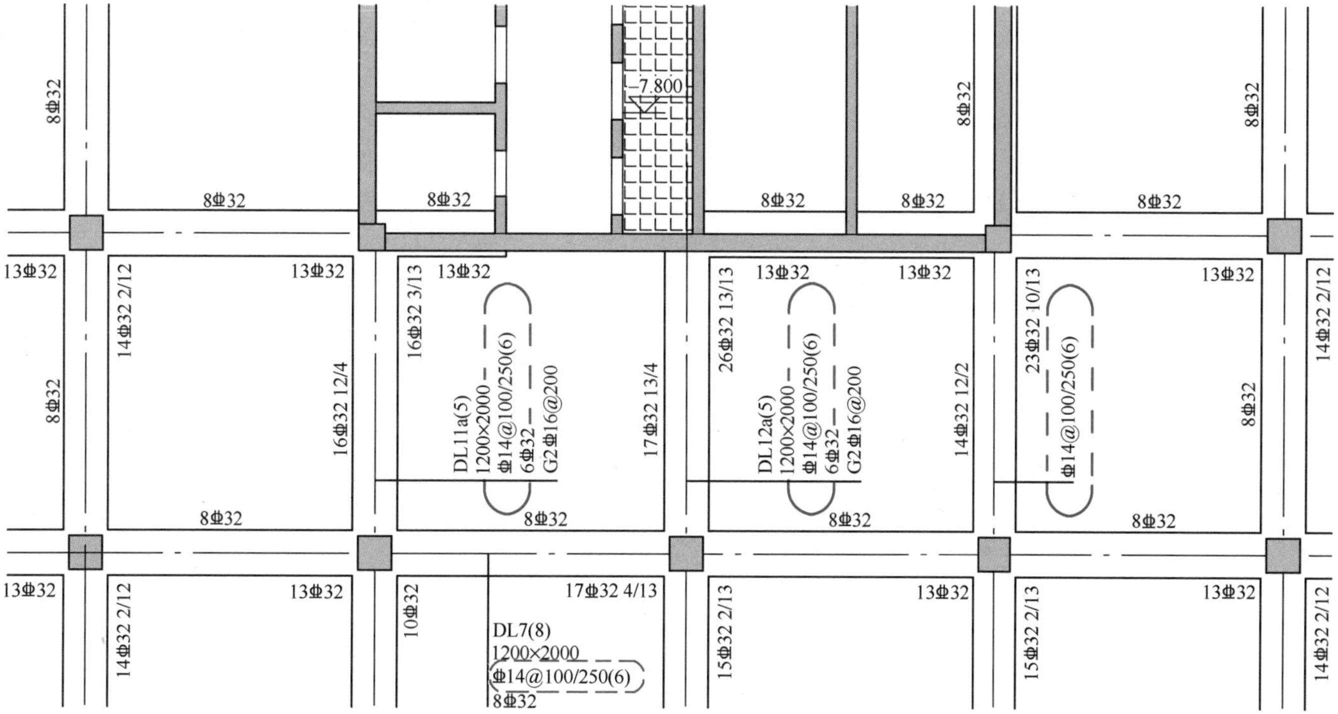

【问题说明】

图示筏板基础梁在支座端配置 ⌀14@170(6)箍筋即满足抗剪强度计算要求，不需按框架梁抗震延性要求设置箍筋加密区。

【问题解析】

筏板基础梁承担较大荷载，截面刚度和承载能力大于柱子，地震下塑性铰只可能出现在柱底。所以筏板地梁端箍筋按照抗剪要求配置即可。

结构类型 混凝土结构	BIAD 结构施工图常见问题解析
问题分类 结构构造. 基础	
页码 3.1-3	北京市建筑设计研究院有限公司

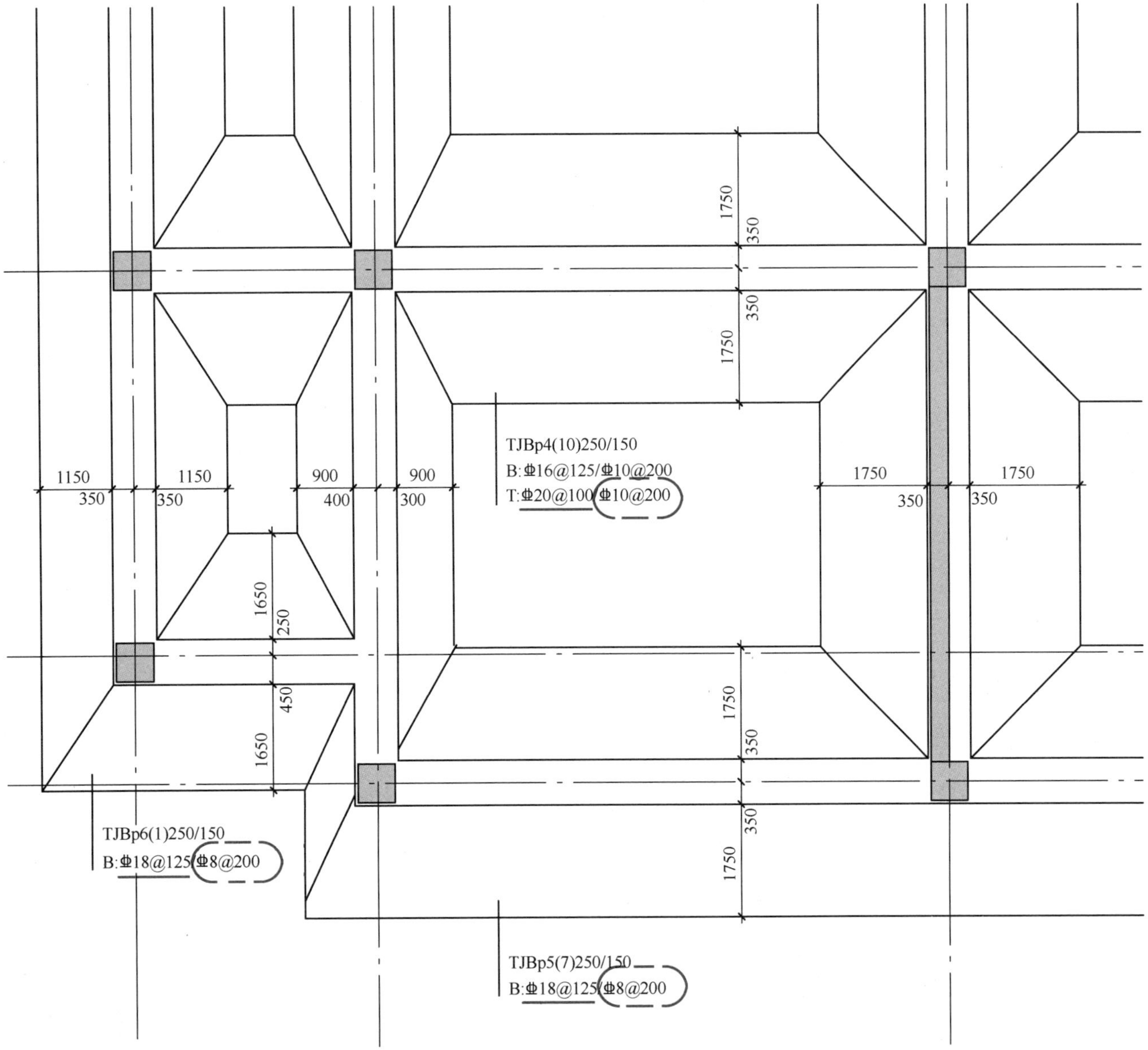

【问题说明】

TJBp4、TJBp5、TJBp6 联合条基底板钢筋，沿条基方向布置的分布钢筋Φ10@200、Φ 8@200 偏小，不满足规范不小于纵向受力钢筋的 15%配筋面积的构造要求。

【问题解析】

为了减小混凝土收缩产生的裂缝，提高条形基础对不均匀地基土适应能力，依据《建筑地基基础设计规范》GB 50007—2011 第 8.2.1 条规定，条形基础每延米分布钢筋的面积不应小于受力钢筋面积的 15%。TJBp4、TJBp5、TJBp6 联合条基底板受力钢筋配置较大，原设计分布钢筋配置不足。

结构类型	BIAD 结构施工图常见问题解析
混凝土结构	
问题分类	
结构构造. 基础	
页码	北京市建筑设计研究院有限公司
3.1-4	

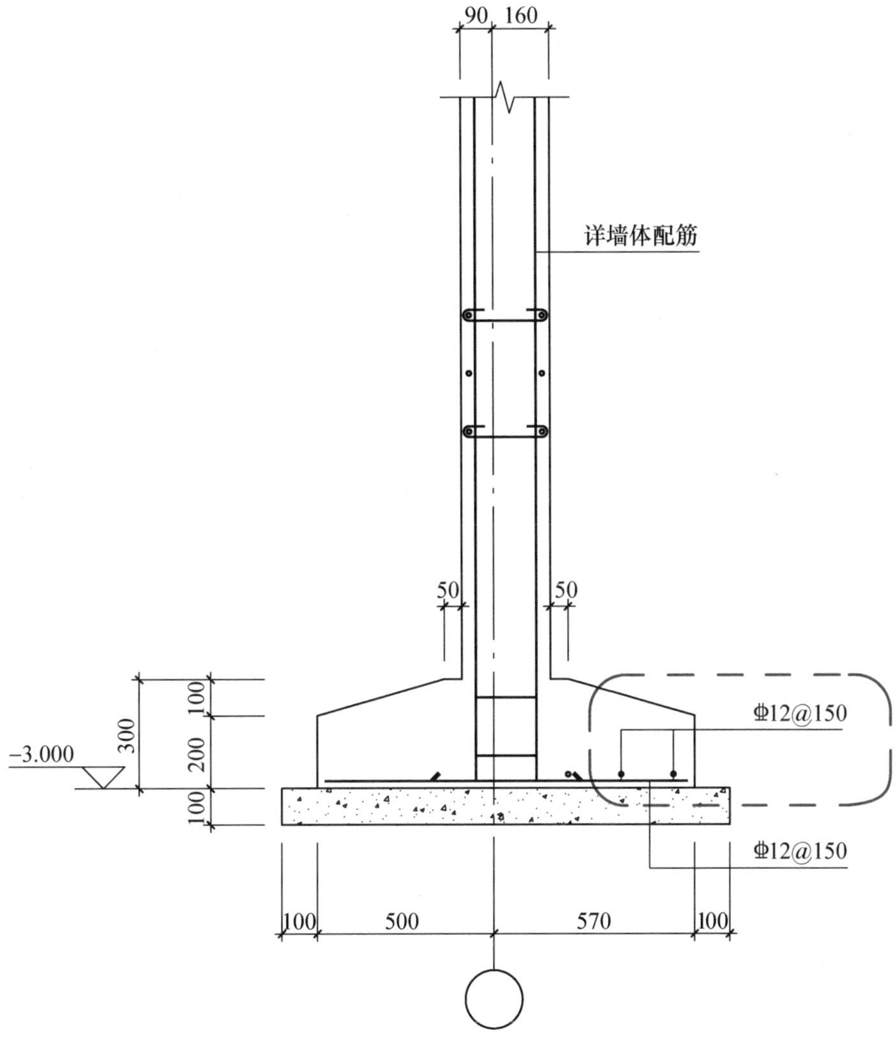

TJ1详图

【问题说明】

条形基础纵向构造分布钢筋偏大，不利节约。

【问题解析】

为了减小混凝土收缩产生的裂缝，提高条形基础对不均匀地基土适应能力，依据《建筑地基基础设计规范》GB 50007—2011 第 8.2.1.3 条规定，扩展基础受力钢筋最小配筋率不应小于 0.15%，底板受力钢筋的最小直径不应小于 10mm，并且间距不应大于 200mm，也不应小于 100mm。墙下钢筋混凝土条形基础纵向分布钢筋的直径不应小于 8mm；间距不应大于 300mm；每延米分布钢筋的面积不应小于受力钢筋面积的 15%。图示条形基础受力下铁较小，纵向构造分布钢筋偏大，不利节约。

（北京地区结构基础应按照现行《北京地区建筑地基基础勘察设计规范》有关规定执行，当条形基础底板的厚度远大于受弯承载力所需，若其各截面的受拉钢筋实际配筋量比所需多 1/3 以上时，条基受力钢筋最小配筋率可不小于 0.10%。）

结构类型	
混凝土结构	BIAD 结构施工图常见问题解析
问题分类	
结构构造．基础	
页码	北京市建筑设计研究院有限公司
3.1-5	

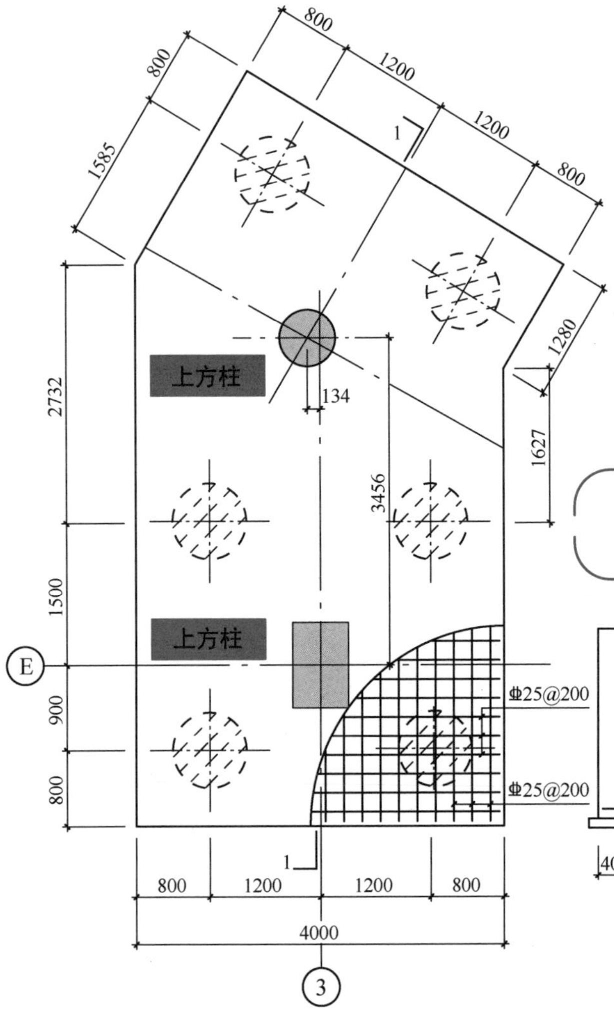

ZCT-10 1:50

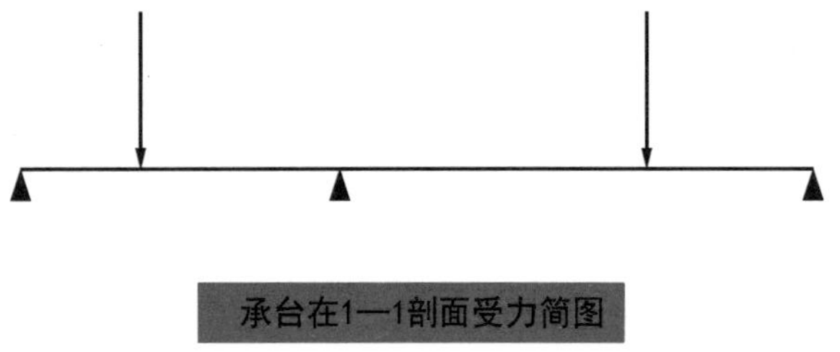

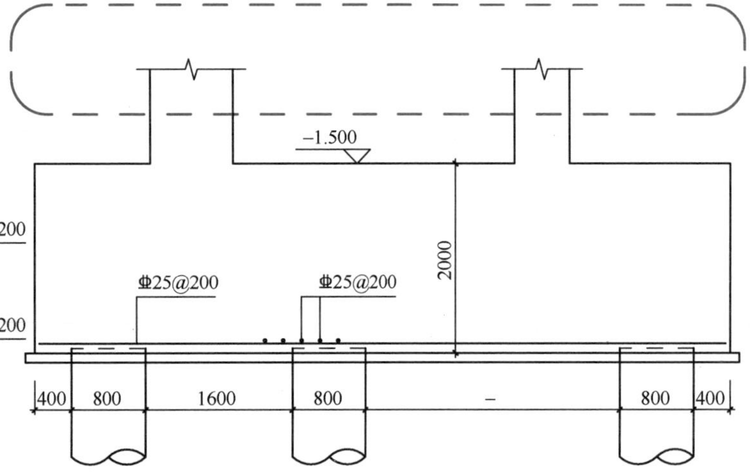

1-1 1:50

【问题说明】

图示双柱联合承台未配置上铁，不满足受力要求。

【问题解析】

群桩承台受力形态，类似柱上无梁楼盖，图示1-1剖面承台在上方柱荷载作用下，受力简图类似双跨连续梁，在连续支座板上皮受拉，应配置上部受拉钢筋。

结构类型	
混凝土结构	
问题分类	
结构构造. 基础	
页码	
3.1-6	

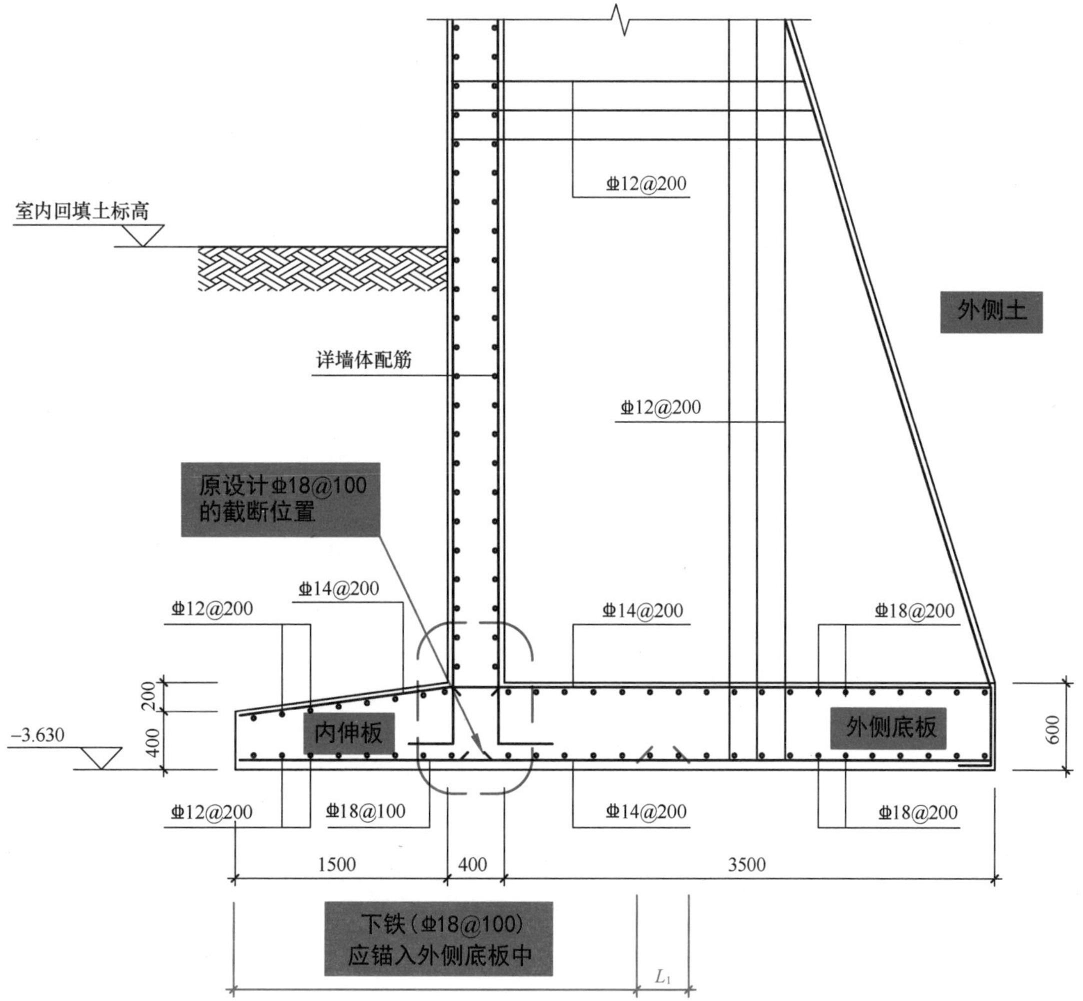

【问题说明】

图示自重式扶壁挡土墙基础内伸底板下铁 Φ18@100 锚入支座长度不足，外侧底板下铁 Φ14@200 应与 Φ18@100 按受拉搭接。

【问题解析】

自重式扶壁挡土墙基础内伸板在挡土墙边处弯矩最大，下铁受拉，应锚入外侧底板中，保证弯矩传递。外伸底板下铁 Φ14@200 应与外伸段下铁满足受拉搭接长度。

结构类型	
混凝土结构	BIAD 结构施工图 常见问题解析
问题分类	
结构构造. 基础	
页码	北京市建筑设计研究院有限公司
3. 1-7	

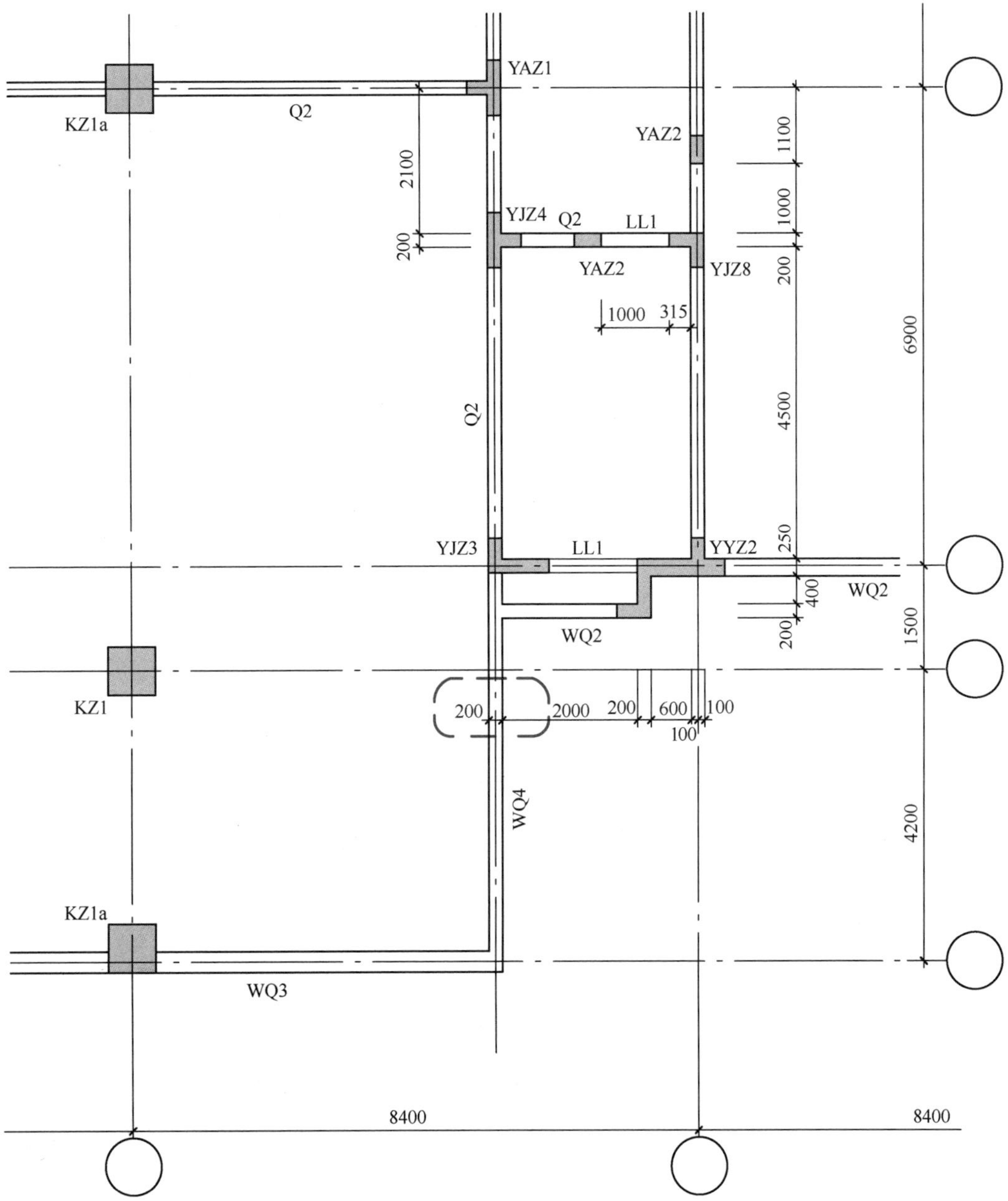

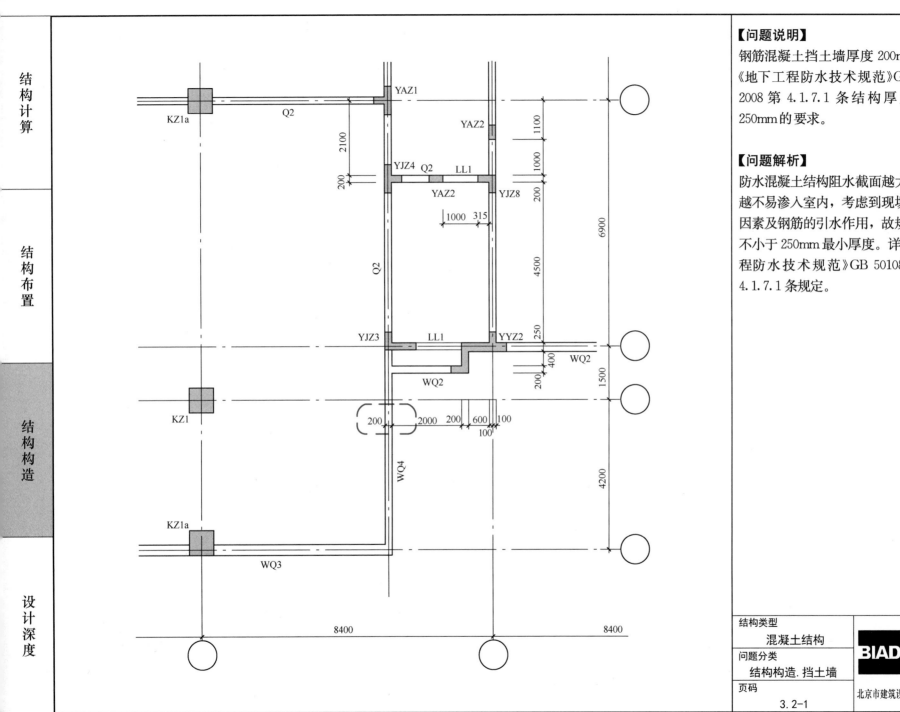

【问题说明】

钢筋混凝土挡土墙厚度200mm不满足《地下工程防水技术规范》GB 50108—2008第4.1.7.1条结构厚度不小于250mm的要求。

【问题解析】

防水混凝土结构阻水截面越大，地下水越不易渗入室内，考虑到现场施工不利因素及钢筋的引水作用，故规范规定了不小于250mm最小厚度。详见《地下工程防水技术规范》GB 50108—2008第4.1.7.1条规定。

结构类型	BIAD 结构施工图常见问题解析
混凝土结构	
问题分类	
结构构造. 挡土墙	
页码	北京市建筑设计研究院有限公司
3.2-1	

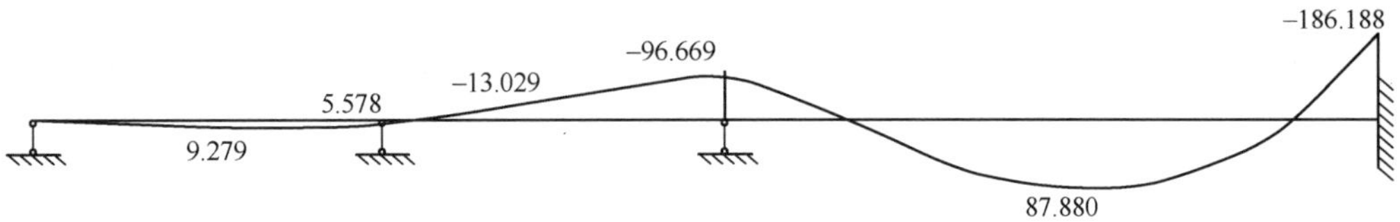

弯矩包络图（调幅后）单位：kN·m

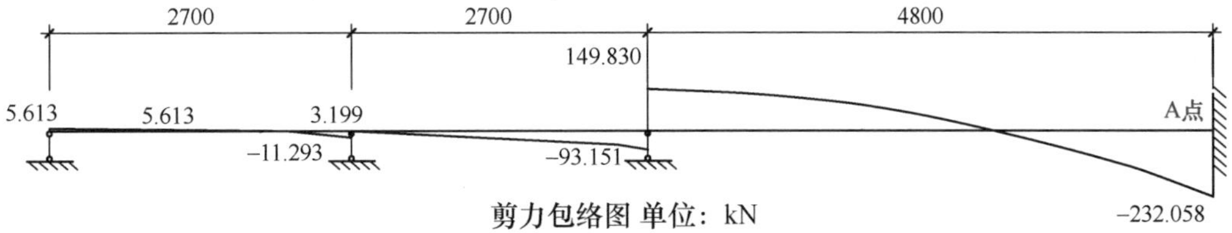

剪力包络图 单位：kN

地下室外墙配筋表

WQ–10	
基础顶标高	
B1=250 H1=4800	⌀12@150（外侧水平分布筋）
	⌀12@150（内侧水平分布筋）
	⌀25@150（外侧竖向分布筋）
	⌀25@150（内侧竖向分布筋）
	⌀8@450（拉筋）
24.500	

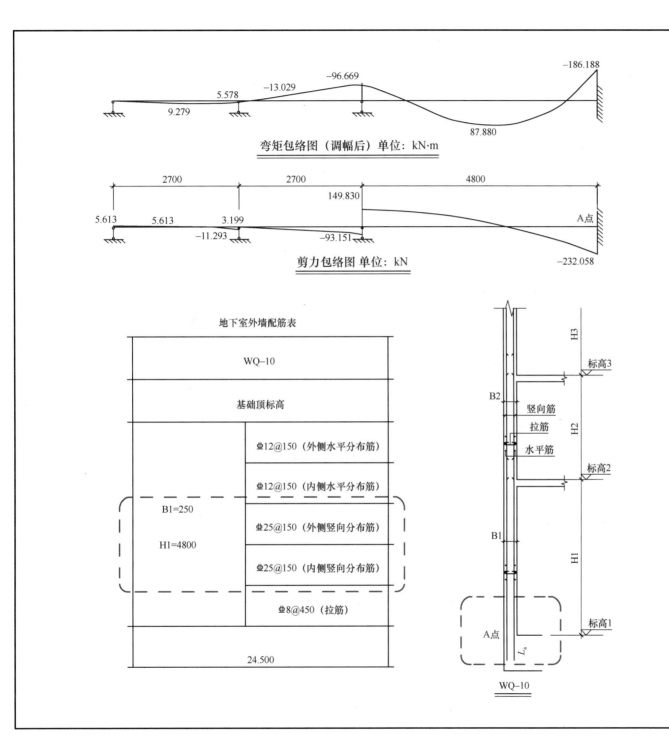

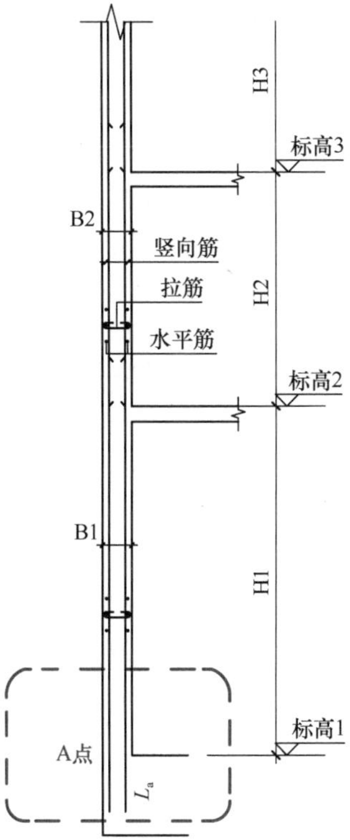

WQ–10

【问题说明】

图示地下室 3 层，外墙 WQ-10 通高厚度 250mm，混凝土强度 C30，为沿竖向单向受力的挡土墙，地下三层底外侧抗弯计算需要 ⌀25@150 竖向纵筋，设计时未进行墙体抗剪验算，经核算墙底截面抗剪强度不能满足要求。

【问题解析】

图示 WQ-10 地下室外墙为沿竖向单向受力的连续墙板，从计算结果可知地下三层底 A 点截面剪力设计值大于墙体按《混凝土结构设计规范》GB 50010—2010 第 6.3.3 条公式计算的受剪承载力，不满足抗剪要求。

单向受力的地下室外墙当侧压力较大时，要注意抗剪承载力的验算，一般情况下，墙体纵筋采用 HRB400 或以上级别钢筋且抗弯计算配筋率大于 0.7%时，墙体受剪承载力有可能不满足要求。

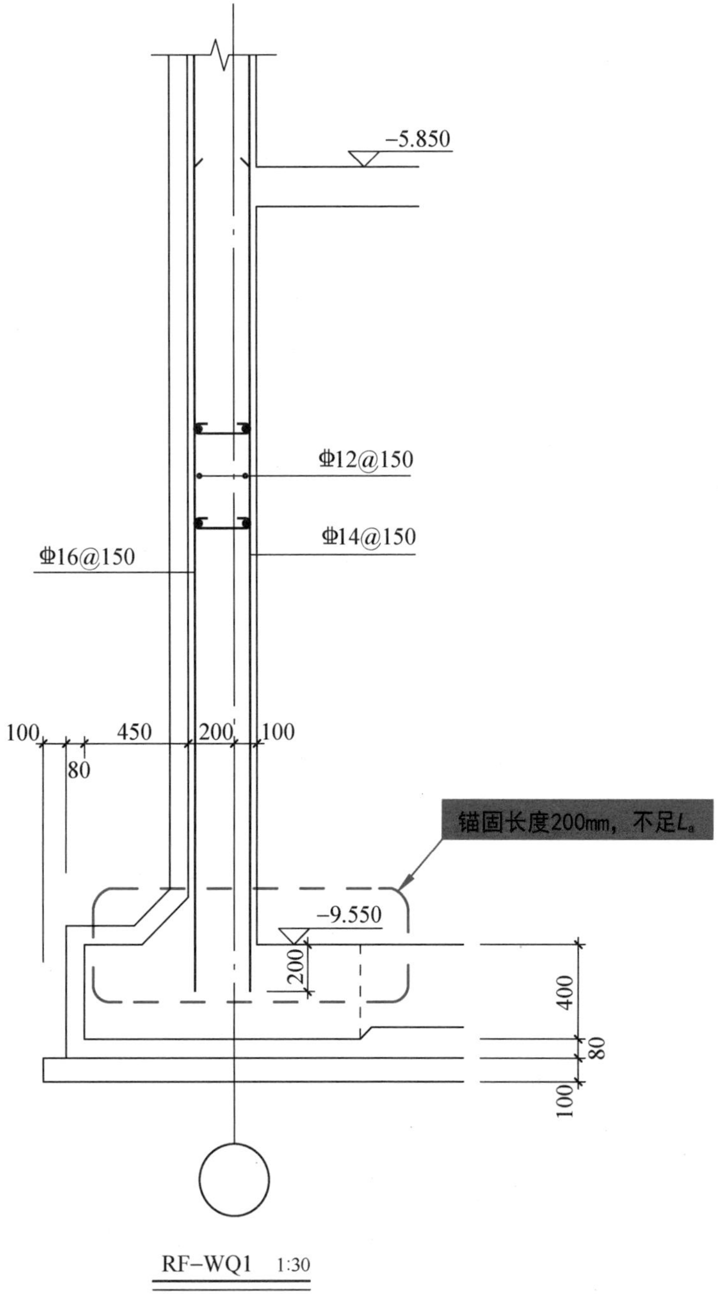

【问题说明】

图示 300mm 厚挡土墙下布置条形基础，挡土墙纵筋应至少锚入基础中 L_a。

【问题解析】

挡土墙底转动时，基础对墙产生约束，墙底出现较大弯矩，当墙底纵筋锚入基础不足 L_a 时，钢筋可能会因为锚固长度不足而滑动，致使墙体底部失去抗弯能力。

结构类型	
混凝土结构	
问题分类	
结构构造. 挡土墙	
页码	
3.2-3	

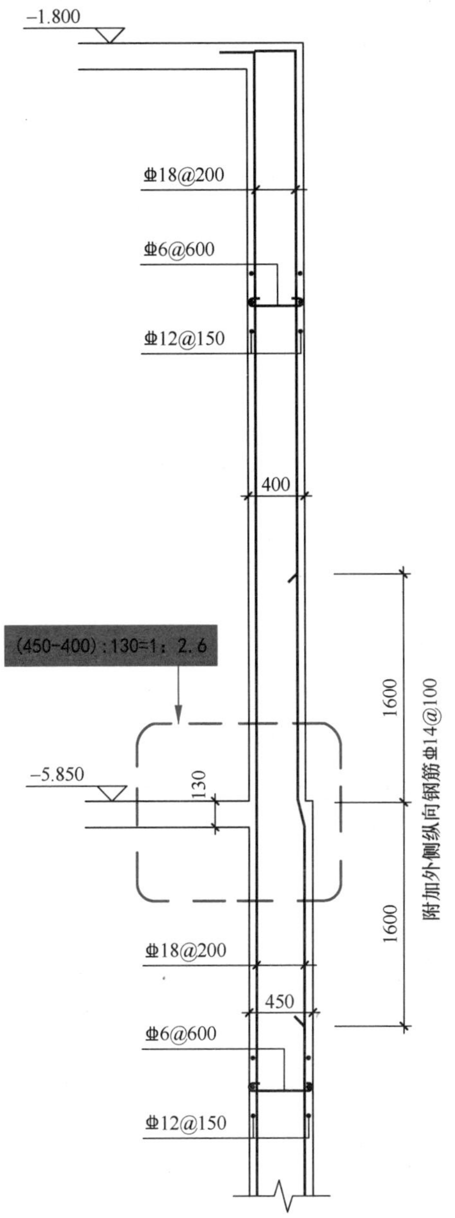

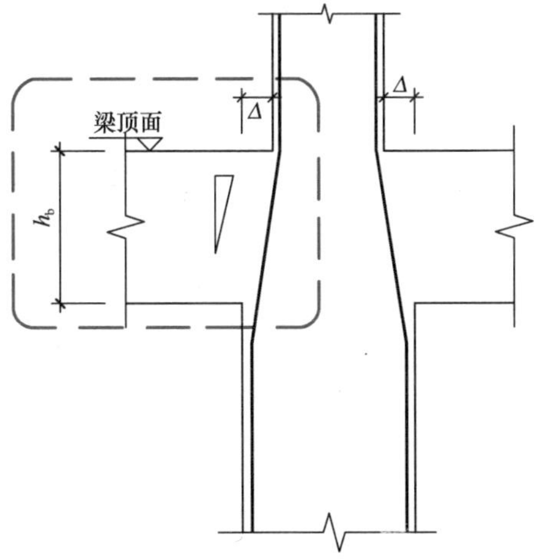

墙变截面处纵筋构造（一）

($\Delta/h_b \leqslant 1/6$)

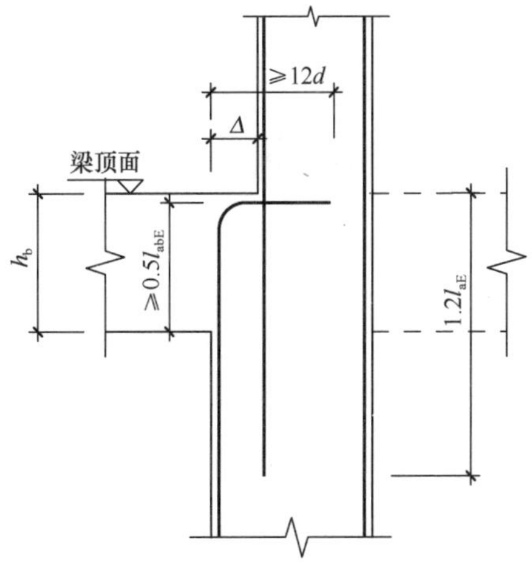

墙变截面处纵筋构造（二）

($\Delta/h_b > 1/6$)

【问题说明】

挡土墙在楼层变截面处外纵筋弯折不满足≤1∶6的要求时，纵筋应按图中构造(二)锚固做法，以保证受力传递的安全可靠。

【问题解析】

当钢筋弯折角度较大时，钢筋的合力会使内折角处混凝土保护层向外崩出，使钢筋失去粘结锚固力，不能与混凝土共同工作。

结构类型	BIAD 结构施工图常见问题解析
混凝土结构	
问题分类	
结构构造.挡土墙	
页码	北京市建筑设计研究院有限公司
3.2-4	

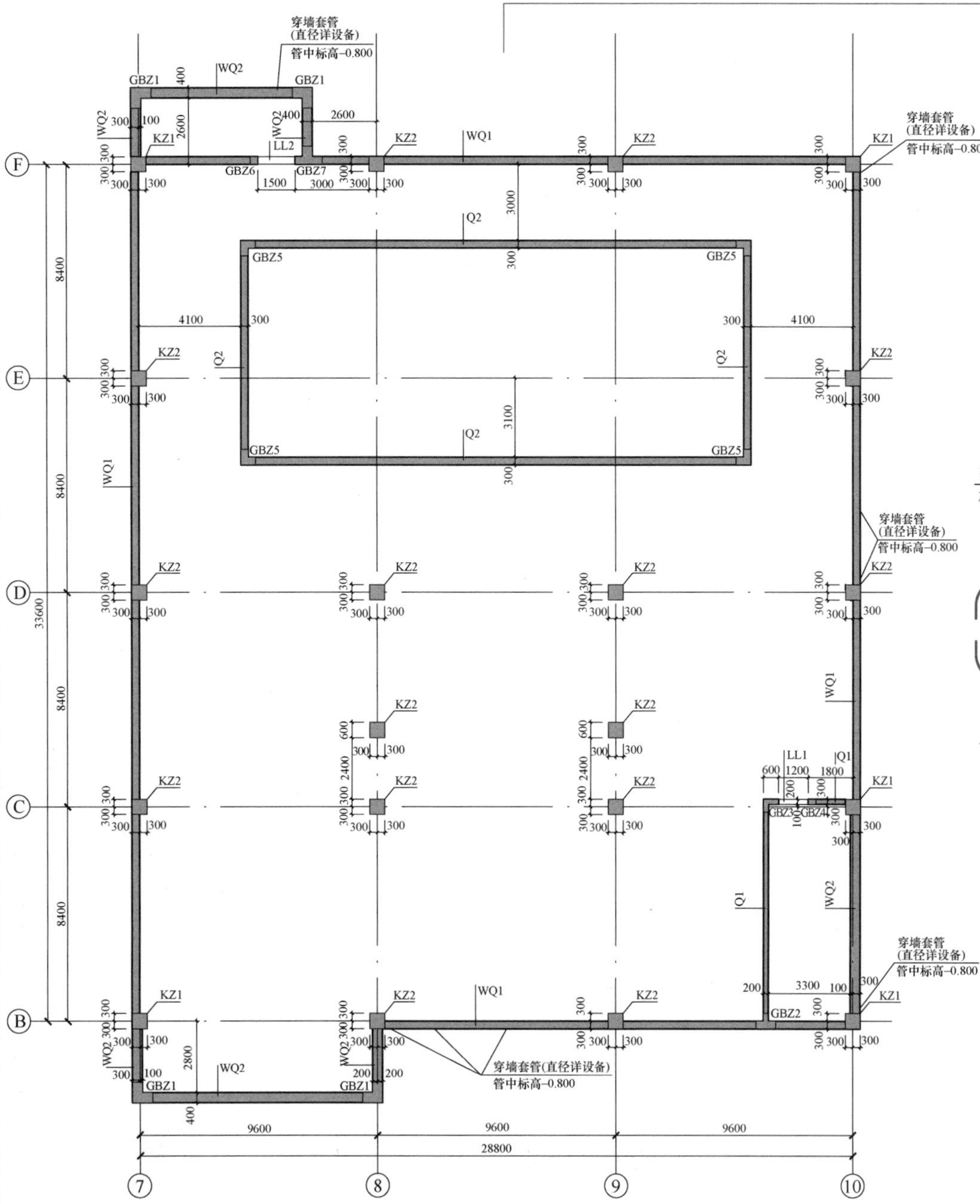

文体活动中心地下一层柱墙平法施工图 1:100

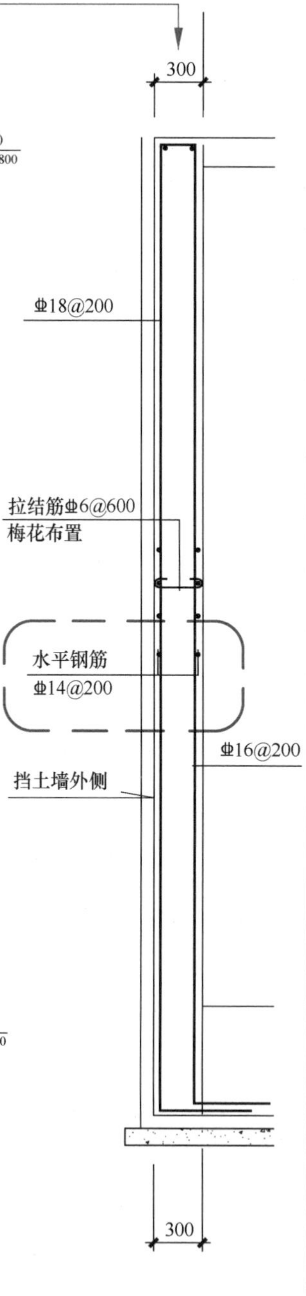

WQ1

【问题说明】

地下室外墙平面尺寸较长，墙水平分布钢筋 ⏀14@200 宜改为直径小而间距较密配筋，对抗裂有利。

【问题解析】

钢筋混凝土墙体越长，混凝土收缩产生的应力就越大，当拉应力大于混凝土抗拉强度时，就引起混凝土的开裂。在保持配筋率基本不变的情况下，适当降低钢筋直径，一般水平钢筋的间距控制在小于等于 150mm，可提高墙体混凝土的抗裂能力，尤其可抑制早期裂缝的扩展，减少裂缝的宽度。

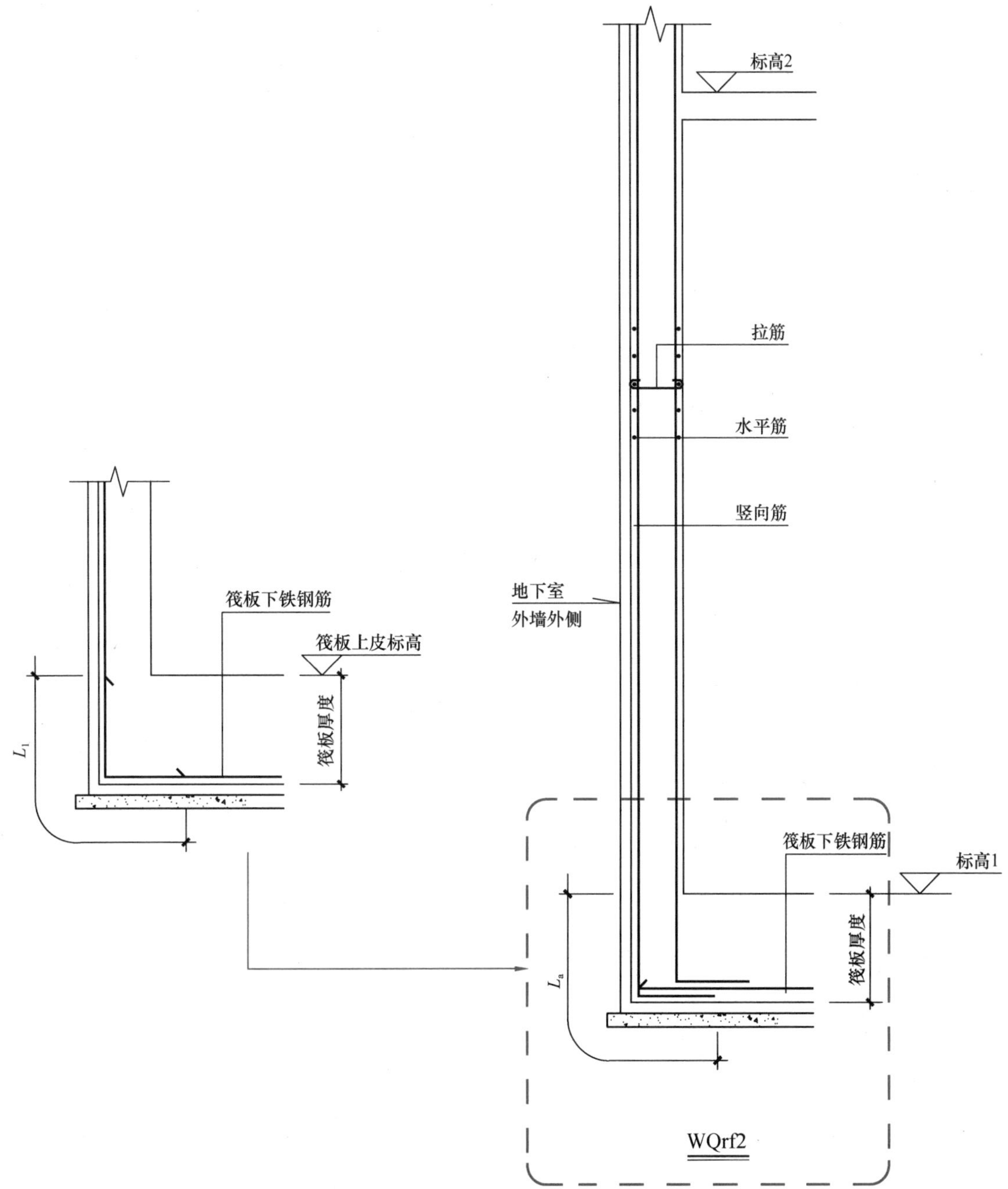

【问题说明】

图示 WQrf2 挡土墙外纵筋与基础筏板下铁连接做法不对，应相互搭接 L_1 以满足传递墙底弯矩的要求。

【问题解析】

挡土墙底弯矩应由筏板支座下铁平衡，墙底外纵筋与筏板支座下铁应满足受拉搭接长度，当接头 100%搭接时应满足 $1.6L_a$。

结构类型 混凝土结构	BIAD 结构施工图常见问题解析 北京市建筑设计研究院有限公司
问题分类 结构构造. 挡土墙	
页码 3.2-6	

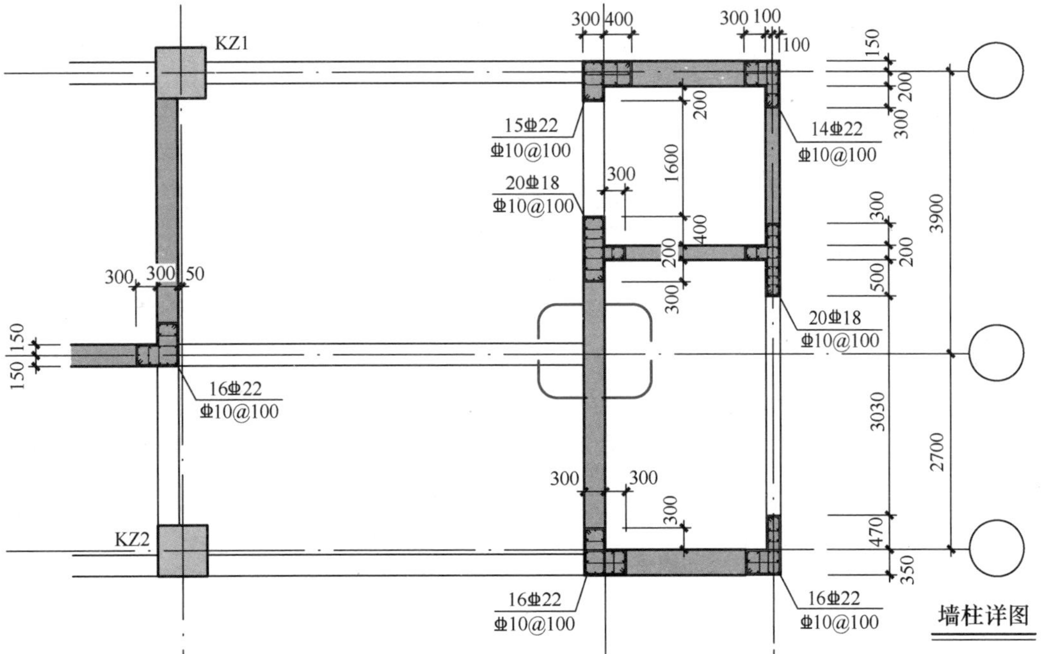

墙柱详图

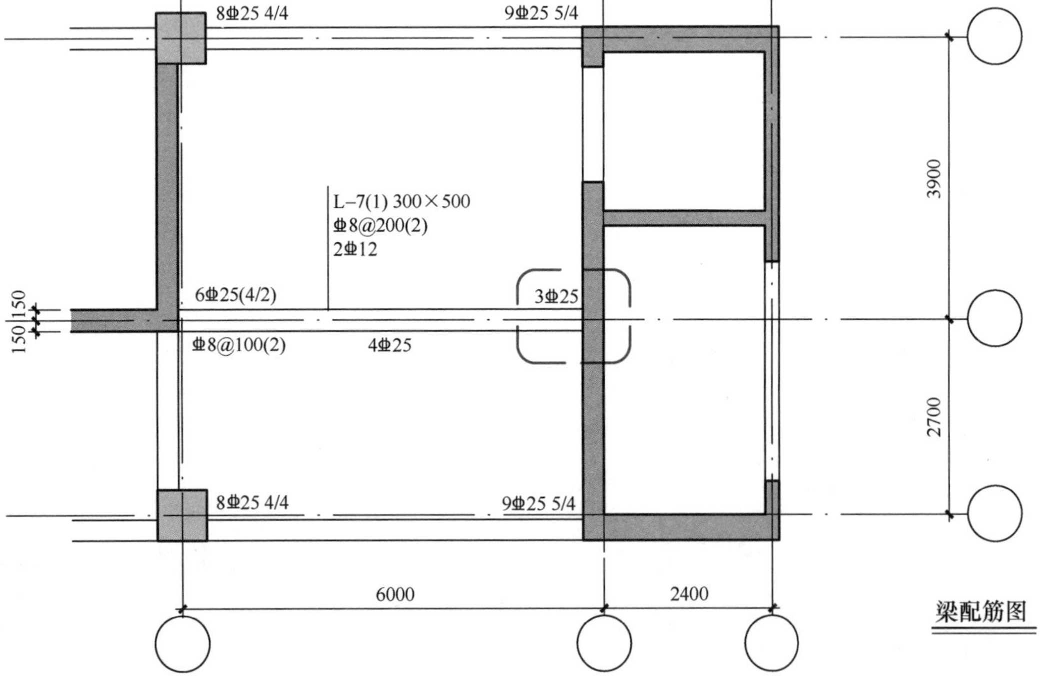

梁配筋图

【问题说明】

图示墙肢面外支撑较大跨楼层梁，梁支座处未设置平衡梁端弯矩的暗柱。

【问题解析】

现浇结构当剪力墙与面外较大跨楼层梁连接时，较大跨楼层梁受力时梁端的转动使墙肢承受较大的面外弯矩，支座处应设置暗柱，暗柱竖向纵筋应能承受梁端传来的弯矩，以保证墙肢面外的安全。

设计应依照《高层建筑混凝土结构技术规程》JGJ 3—2010 第 7.1.6 条，“当剪力墙或核心筒墙肢与其平面外相交的楼面梁刚接时，可沿楼面梁轴线方向设置与梁相连的剪力墙、扶壁柱或在墙内设置暗柱，并应符合下列规定：

1 设置沿楼面梁轴线方向与梁相连的剪力墙时，墙的厚度不宜小于梁的截面宽度。

2 设置扶壁柱时，其截面宽度不应小于梁宽，其截面高度可计入墙厚。

3 墙内设置暗柱时，暗柱的截面高度可取墙的厚度，暗柱的截面宽度可取梁宽加 2 倍墙厚。

4 应通过计算确定暗柱或扶壁柱的纵向钢筋（或型钢），纵向钢筋的总配筋率不宜小于表 7.1.6 的规定。”

结构类型 混凝土结构	BIAD 结构施工图常见问题解析
问题分类 结构构造. 剪力墙	
页码 3. 3-1	北京市建筑设计研究院有限公司

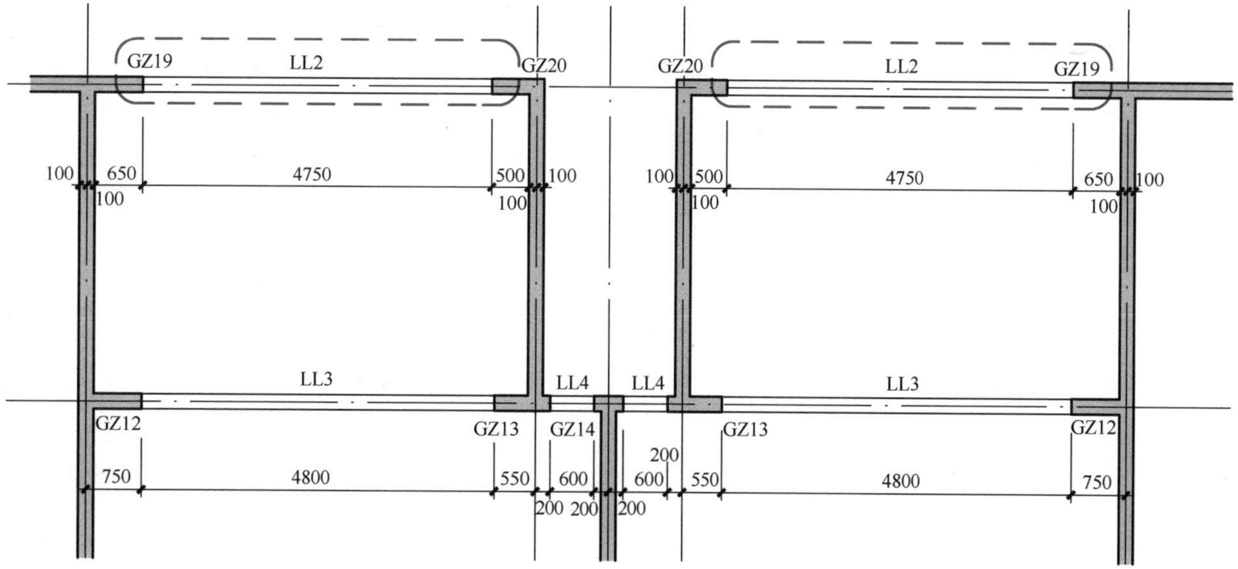

首层结构平面

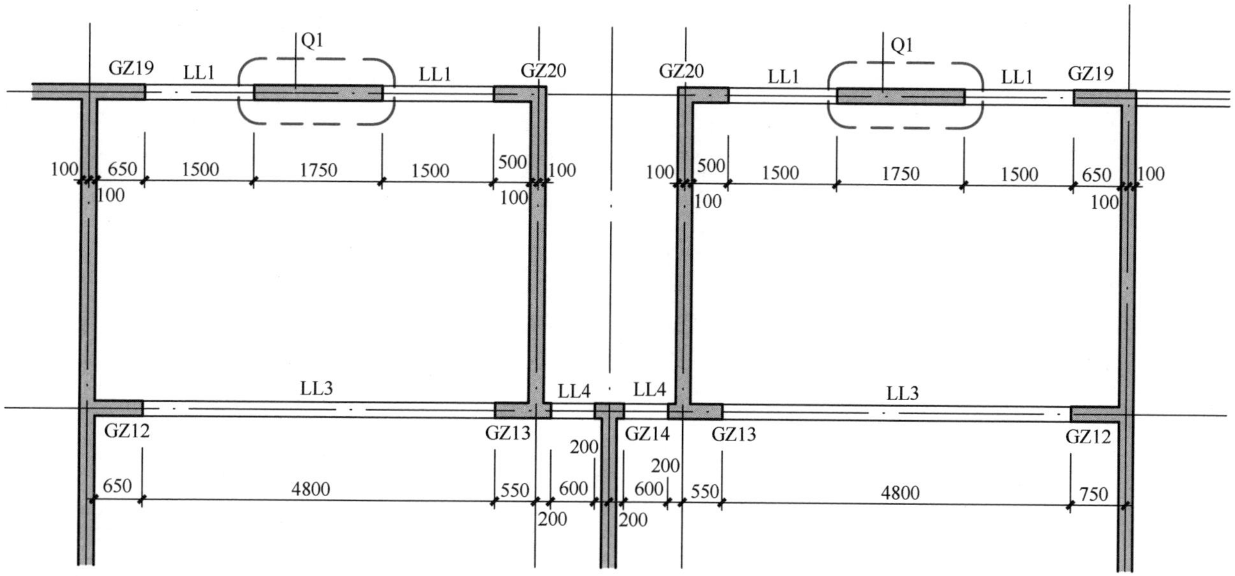

二层及以上结构平面

【问题说明】

首层顶板 LL2 框支梁支撑二层及以上层 Q1 剪力墙墙肢，GZ19 及 GZ20 为框支梁支座暗柱，LL2 应按转换梁要求设计，GZ19 及 GZ20 应同时满足规范中转换柱的设计要求。

【问题解析】

转换构件的安全直接影响上部结构的安全，且转换构件受力复杂，图示中的 LL2 框支梁及 GZ19、GZ20 暗柱，其计算措施及构造措施应予以提高和加强，参见《高层建筑混凝土结构技术规程》JGJ 3—2010 第 10.2 节设计要求设计。

结构类型	BIAD 结构施工图常见问题解析
混凝土结构	
问题分类	
结构构造. 剪力墙	
页码	北京市建筑设计研究院有限公司
3.3-2	

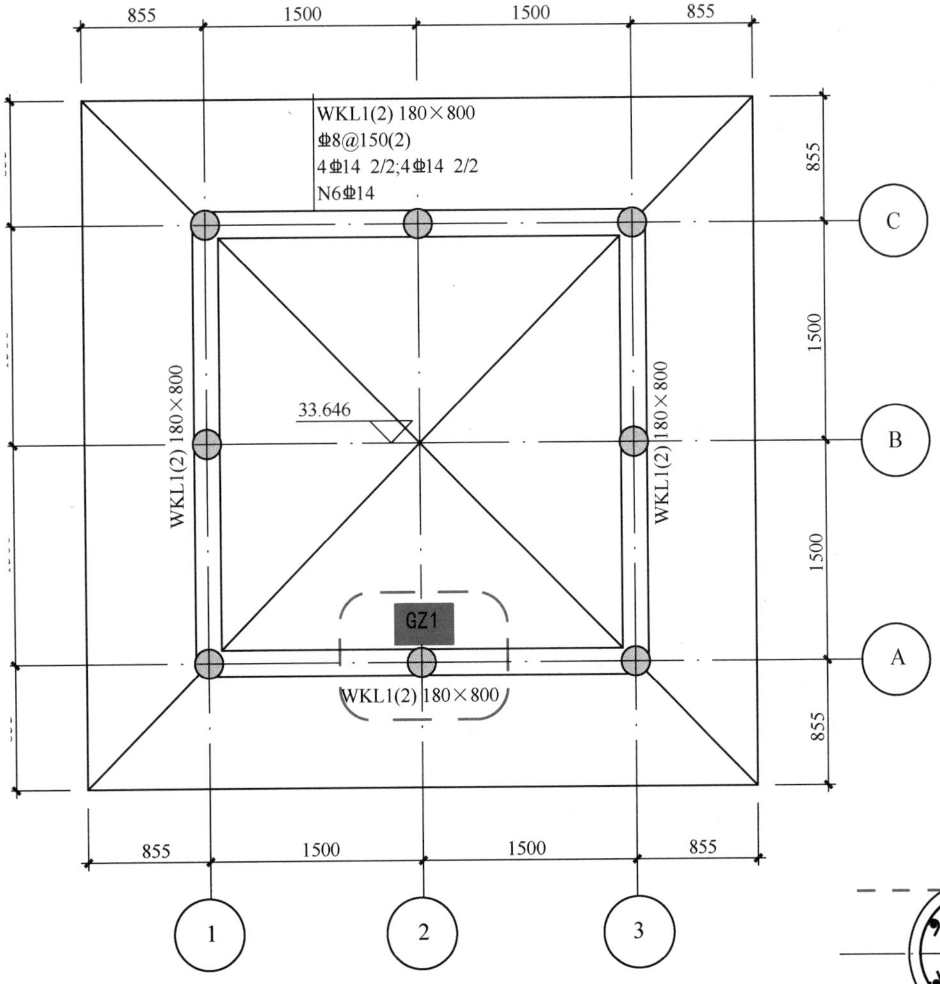

梁配筋平面图 1:50

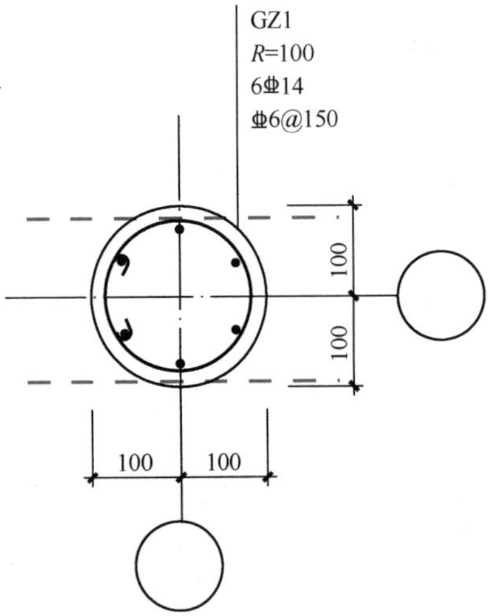

GZ1 1:10

【问题说明】

框架圆柱 GZ1 直径 200mm，截面尺寸小于规范要求，框架梁宽 180mm 也小于规范建议值，对抗震不利。

【问题解析】

框架梁宽及框架柱尺寸过小，抗震能力有限，应满足规范最小尺寸要求。

依据《建筑抗震设计规范》GB 50011—2010 第 6.3.5 条规定，圆柱的直径，四级或不超过 2 层时不宜小于 350mm，一、二、三级且超过 2 层时不宜小于 450mm。《高层建筑混凝土结构技术规程》JGJ 3—2010 第 6.4.1.1 条也对高层结构框架柱截面尺寸作出规定。

《建筑抗震设计规范》GB 50011—2010 第 6.3.1.1 条及《高层建筑混凝土结构技术规程》JGJ 3—2010 第 6.3.1 条，对框架梁尺寸提出不宜小于 200mm 宽度要求。

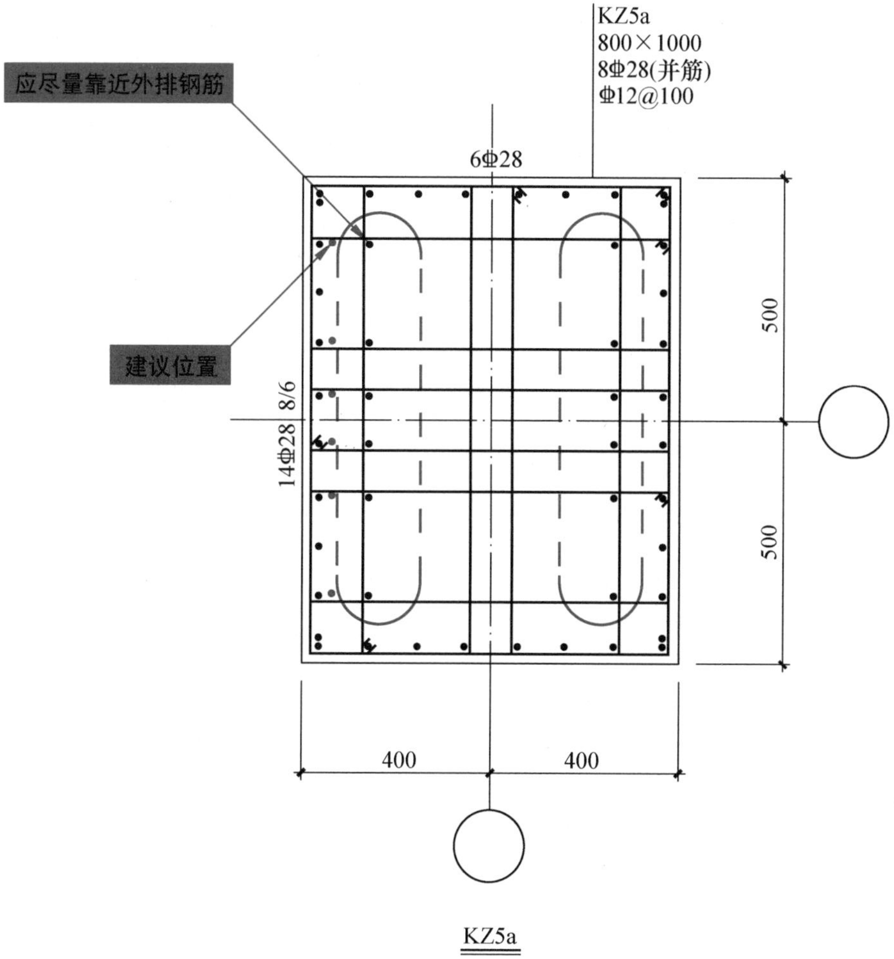

【问题说明】

图示框架柱要求，在压弯作用下截面1000mm柱高侧需布置双排纵筋，内排纵筋与外排纵筋间距过大(图示位置)。

钢筋计算中未考虑双排钢筋对截面有效高度的影响。

【问题解析】

柱在弯矩作用下，受拉区钢筋合力点距受压区越远，抵抗弯矩力臂越大，钢筋越节约，受力越有效。受拉钢筋合力点靠近构件外皮，尚可有效延长柱外皮混凝土的开裂时间。

另柱配筋在计算中，截面有效高度未考虑二排筋内移，与实际布置不符，计算结果偏于不安全。

结构类型 混凝土结构	BIAD 结构施工图常见问题解析
问题分类 结构构造. 柱	
页码 3. 4-2	北京市建筑设计研究院有限公司

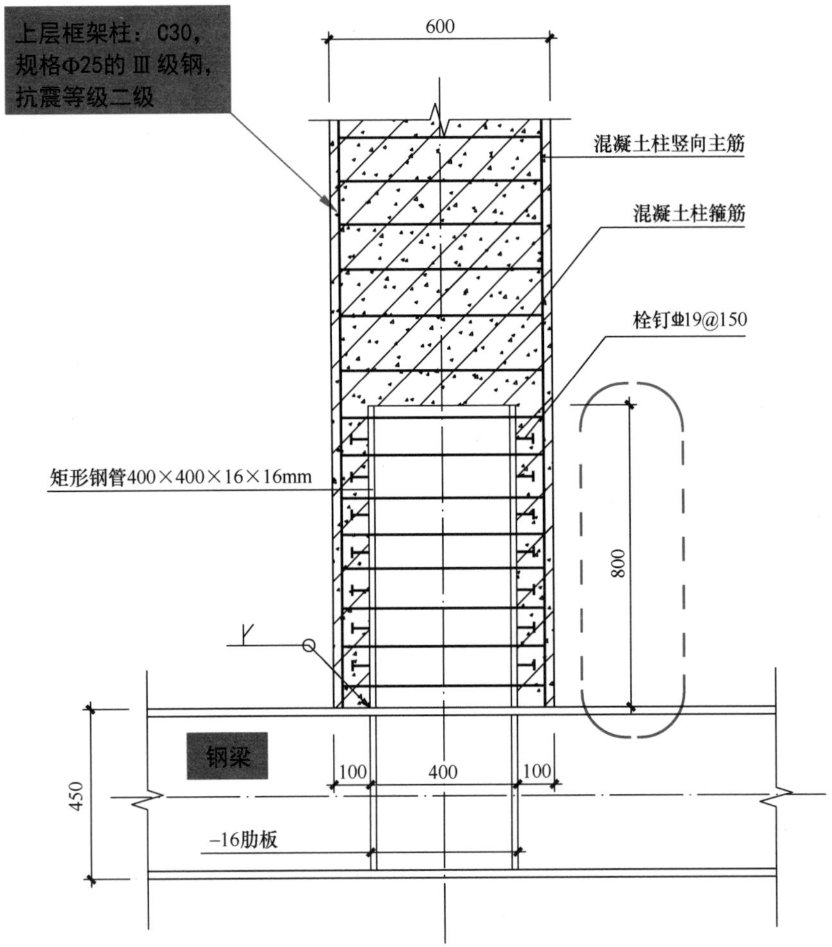

【问题说明】

支撑在钢梁上的上层钢筋混凝土框架柱，计算假定与钢梁刚接，柱内纵筋与钢骨搭接长度800mm不能满足柱纵筋与钢骨翼缘的受拉搭接长度，且柱底纵筋应作锚固。

【问题解析】

1. 上层钢筋混凝土框架柱底弯矩需传至钢梁上，图示柱受拉纵筋与柱内钢骨100%搭接，应满足1.6L_{aE}搭接长度，搭接长度不足，则柱纵向钢筋可能与钢骨翼缘间产生滑移，不能保证受力的有效传递。图示柱内纵筋与钢骨搭接长度800mm小于1.6L_{aE}，不满足传力需要。
2. 即使柱受拉纵筋与柱内钢骨搭接长度足够，能够满足柱底弯矩的传递无安全问题，但图示柱纵筋伸至钢梁顶不做任何处理的作法，柱受弯时将于柱底出现裂缝，柱底纵筋应做锚固。

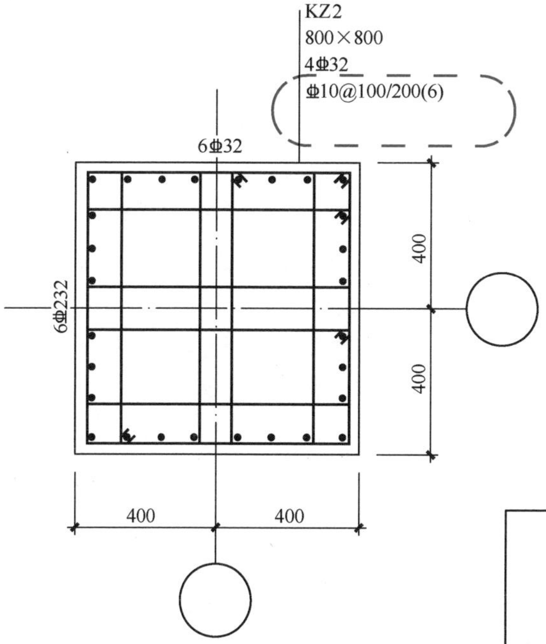

KZ2

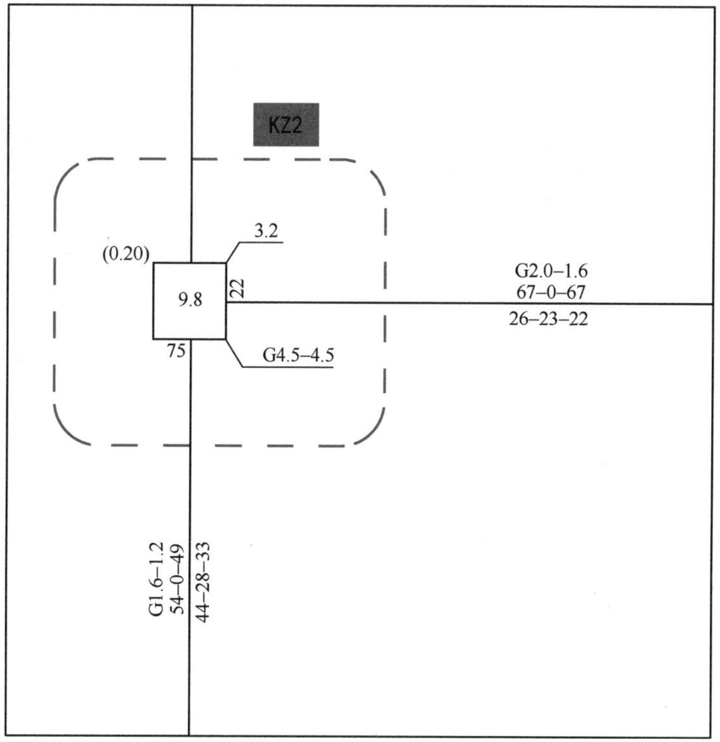

【问题说明】

框架柱 KZ2 加密区箍筋 Φ10@100(6)，面积为 0.785×6＝4.71cm² 小于 9.8cm² 箍筋计算面积，不能满足节点抗剪承载力要求。

【问题解析】

节点核心区是保证框架承载力和抗倒塌能力的关键部位，节点水平箍筋是通过对节点混凝土的约束效应增强节点抗剪能力，避免节点混凝土剪切破坏。但梁截面小及边角节点处，由于梁及板对节点有利约束较差，节点箍筋计算值可能较大，设计时应特别注意，并按计算结果配置节点箍筋。

PKPM 计算结果显示 KZ2 节点核心区箍筋计算值较大，图中配筋不满足要求。

结构类型	
混凝土结构	BIAD 结构施工图常见问题解析
问题分类	
结构构造. 柱	北京市建筑设计研究院有限公司
页码	
3.4-4	

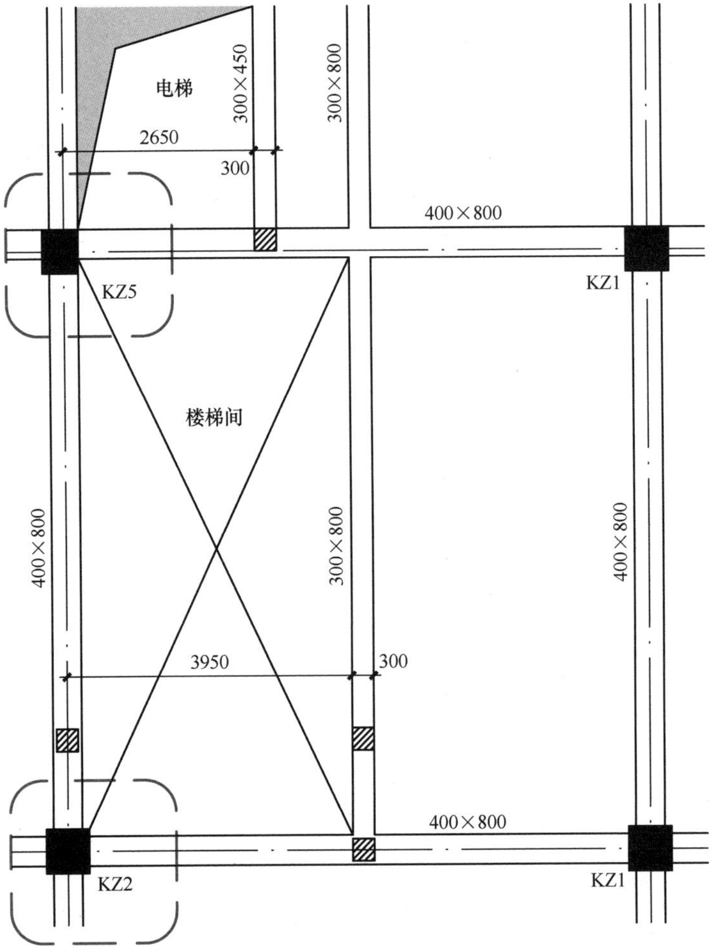

KZ2	KZ3
600×600	500×500
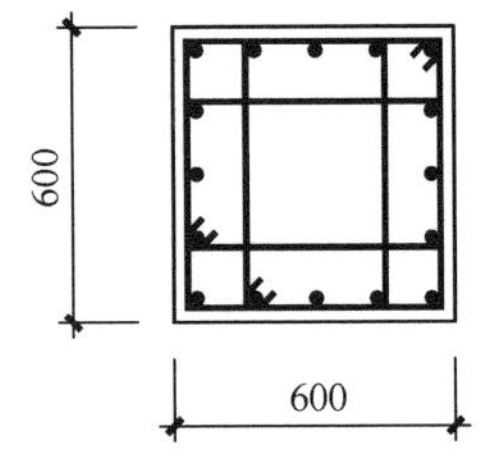	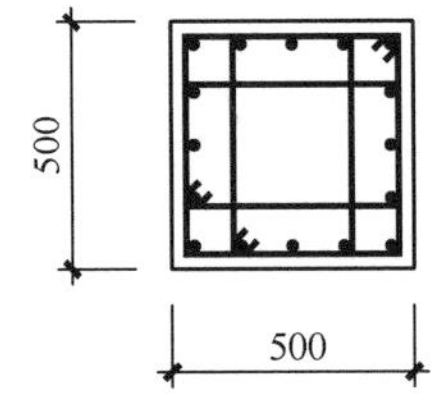
16Φ28	16Φ28
Φ10@100/200	Φ10@100/200
KZ4	**KZ5**
400×400	500×600
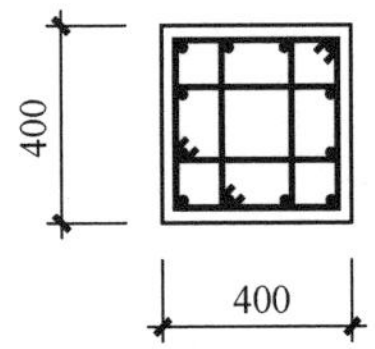	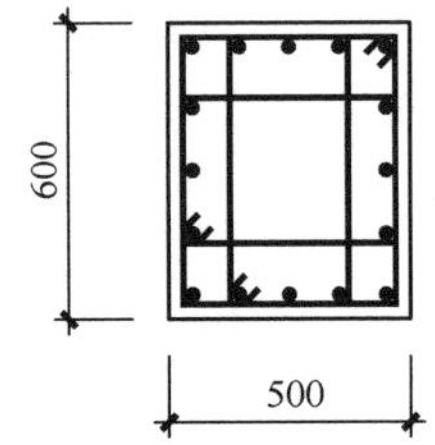
12Φ20	16Φ28
Φ10@100/200	Φ10@100/200

【问题说明】

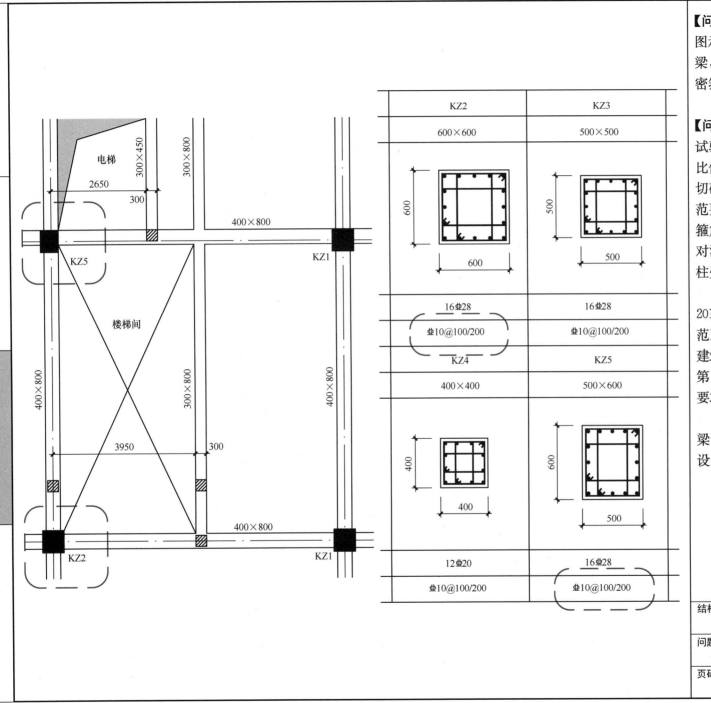

图示 KZ2、KZ5 由于层间支撑了楼梯梁，形成短柱，未按规范要求全高加密箍筋。

【问题解析】

试验和震害表明，柱净高与截面高度比值为 3～4 的短柱易发生粘结型剪切破坏和对角斜拉型剪切破坏，故规范要求应加密箍筋间距，并对肢距及箍筋规格加以最小控制，以保证箍筋对混凝土及受压钢筋的约束，提高短柱受力延性及安全。

《混凝土结构设计规范》GB 50010—2010 第 11.4.12 条、《建筑抗震设计规范》GB 50011—2010 第 6.3.9 条、《高层建筑混凝土结构技术规程》JGJ 3—2010 第 6.4.6 条都对短柱作出详细设计要求。

当楼梯间位置的框架柱由于楼梯梁的布置形成短柱时，须按规范要求设计箍筋。

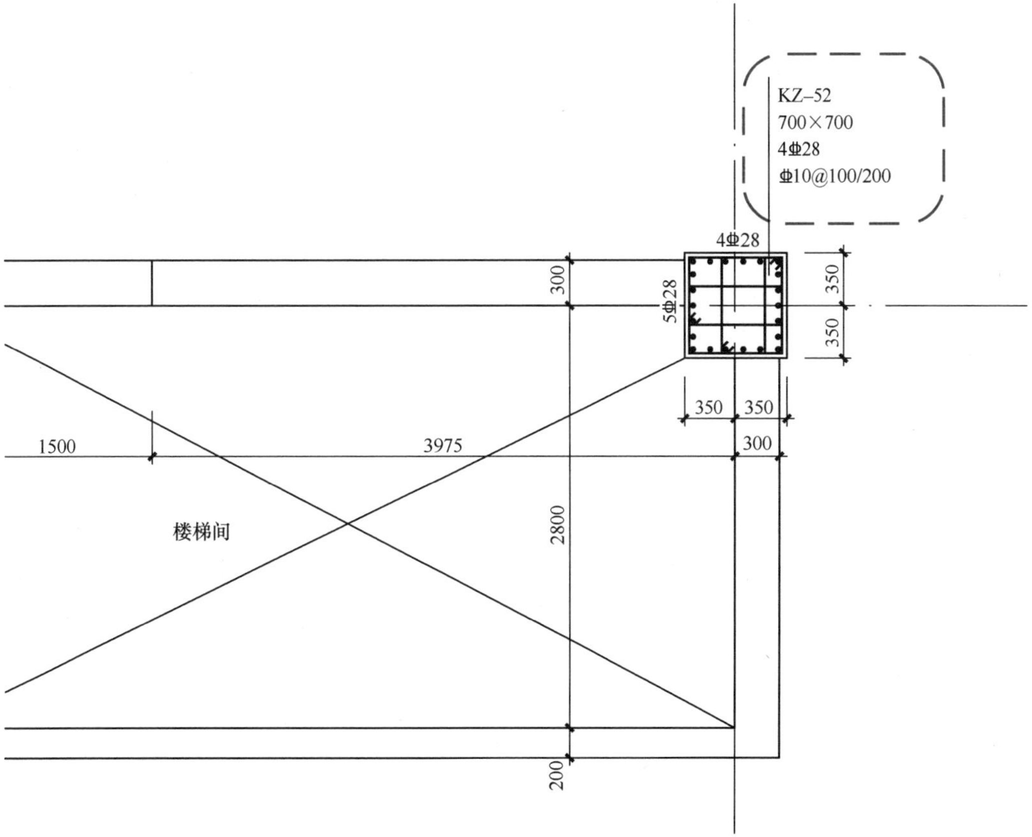

【问题说明】

图示为结构底部加强层，剪力墙抗震等级为一级，墙肢轴压比较大，需配置约束边缘构件，剪力墙端柱箍筋未按约束边缘构件全高加密。

【问题解析】

强震下，当墙肢截面相对受压区高度或轴压比较大时，应设置约束边缘构件，并加密箍筋以尽可能约束墙肢端部混凝土及受压钢筋，使墙肢具有较好的变形能力。KZ-52 柱布置在墙端，为墙肢的一部分，应按《建筑抗震设计规范》GB 50011—2010 第 6.4.5 条约束边缘构件设计要求，箍筋全高加密。

另《建筑抗震设计规范》GB 50011—2010 第 6.5.1 条规定框架-抗震墙结构的端柱尚应满足 6.3 节对框架柱的要求。高层结构应满足《高层建筑混凝土结构技术规程》JGJ 3—2010 第 7.2.14 条、7.2.15 条要求。

结构类型 混凝土结构	BIAD 结构施工图常见问题解析 北京市建筑设计研究院有限公司
问题分类 结构构造.柱	
页码 3.4-6	

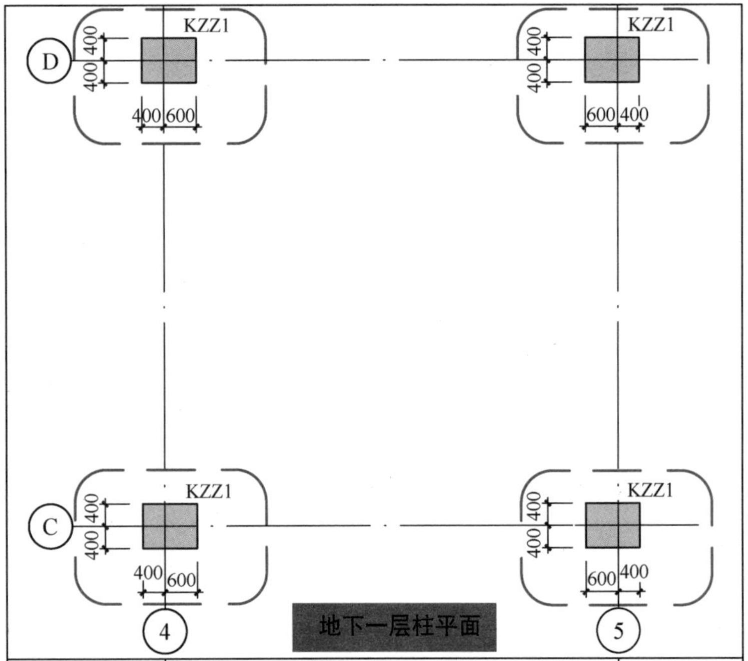

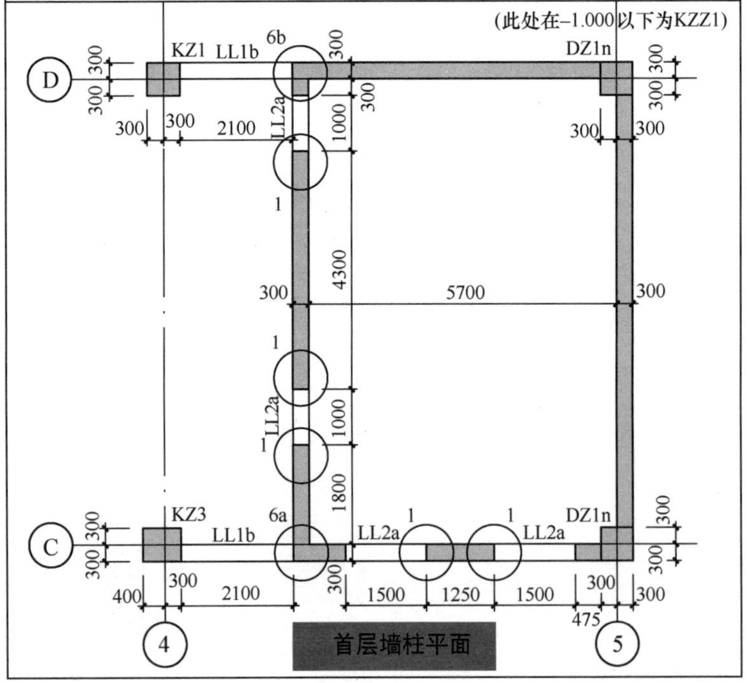

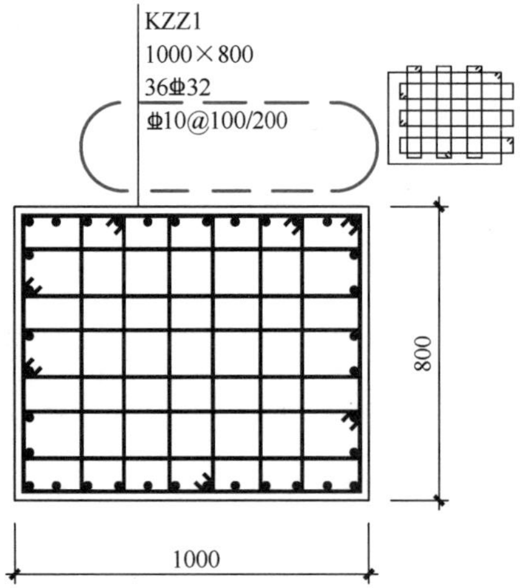

KZZ1

【问题说明】

KZZ1 转换柱箍筋未依据规范要求全高加密。

【问题解析】

转换柱受力大，一旦破坏，影响结构安全，后果严重。图示转换柱为托墙框支柱，上部剪力墙受弯将加大框支柱轴力，可能出现框支柱拉压破坏。无论是托墙框支柱或托柱转换柱，规范均要求对其计算措施及构造措施予以提高和加强，箍筋要求全高加密。《高层建筑混凝土结构技术规程》JGJ 3—2010 第 10.2.10 条“转换柱设计应符合下列要求：

1 柱内全部纵向钢筋配筋率应符合本规程第 6.4.3 条中框支柱的规定；

2 抗震设计时，转换柱箍筋应采用复合螺旋箍或井字复合箍并应沿柱全高加密，箍筋直径不应小于 10mm，箍筋间距不应大于 100mm 和 6 倍纵向钢筋直径的较小值；

3 抗震设计时，转换柱的箍筋配箍特征值应比普通框架柱要求的数值增加 0.02 采用，且箍筋体积配箍率不应小于 1.5%。”

结构类型	
混凝土结构	BIAD 结构施工图常见问题解析
问题分类	
结构构造．柱	北京市建筑设计研究院有限公司
页码	
3.4-7	

次梁表

编号	梁截面$b\times h$	上部纵筋	下部纵筋	箍筋	备注
L1	100×300	2⌀12	2⌀12	⌀8@200(2)	—
L2	100×400	2⌀16	2⌀12	⌀8@200(2)	—
L3	100×500	3⌀16	3⌀16	⌀8@200(2)	—

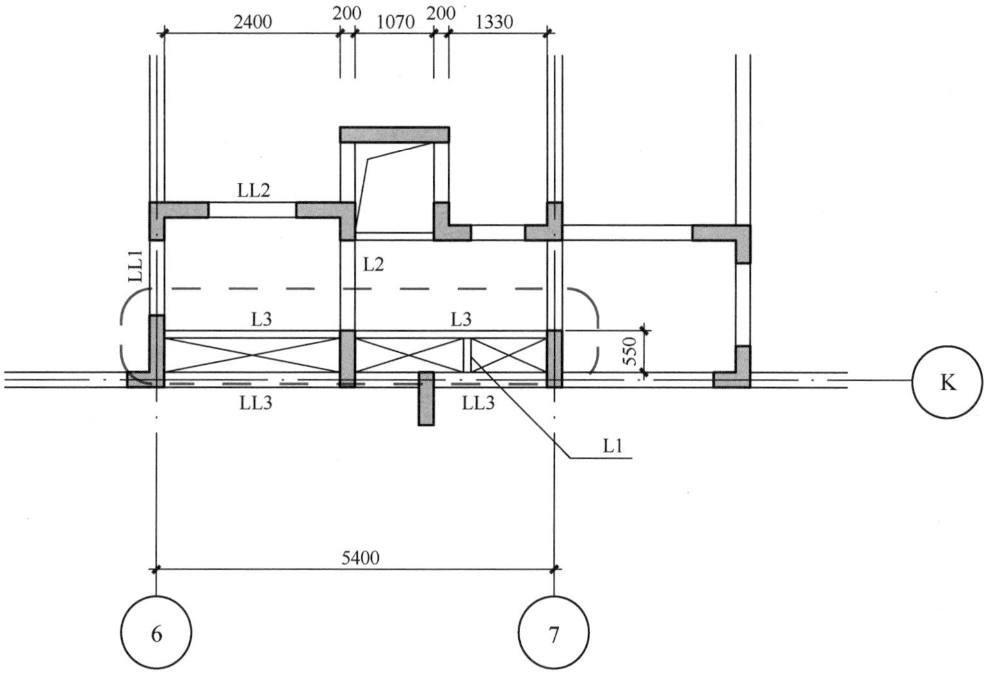

【问题说明】

L1～L3 次梁宽度 100mm 过小，梁纵筋间距不满足要求，梁混凝土浇筑质量难以保证。

【问题解析】

由于耐久性和握裹要求，梁最外侧钢筋应满足最小保护层厚度，同时为了方便施工保证混凝土浇筑质量，钢筋间距不应小于规范要求。图中 L1～L3 次梁宽度 100mm，除去两侧混凝土保护层厚度，钢筋间距不足，因梁混凝土浇筑质量难以保证，梁的受力将不能满足要求。具体构造规定详见《混凝土结构设计规范》GB 50010—2010 第 9.2.1 条要求。

结构类型 混凝土结构	BIAD 结构施工图常见问题解析
问题分类 结构构造.梁	
页码 3.5-1	北京市建筑设计研究院有限公司

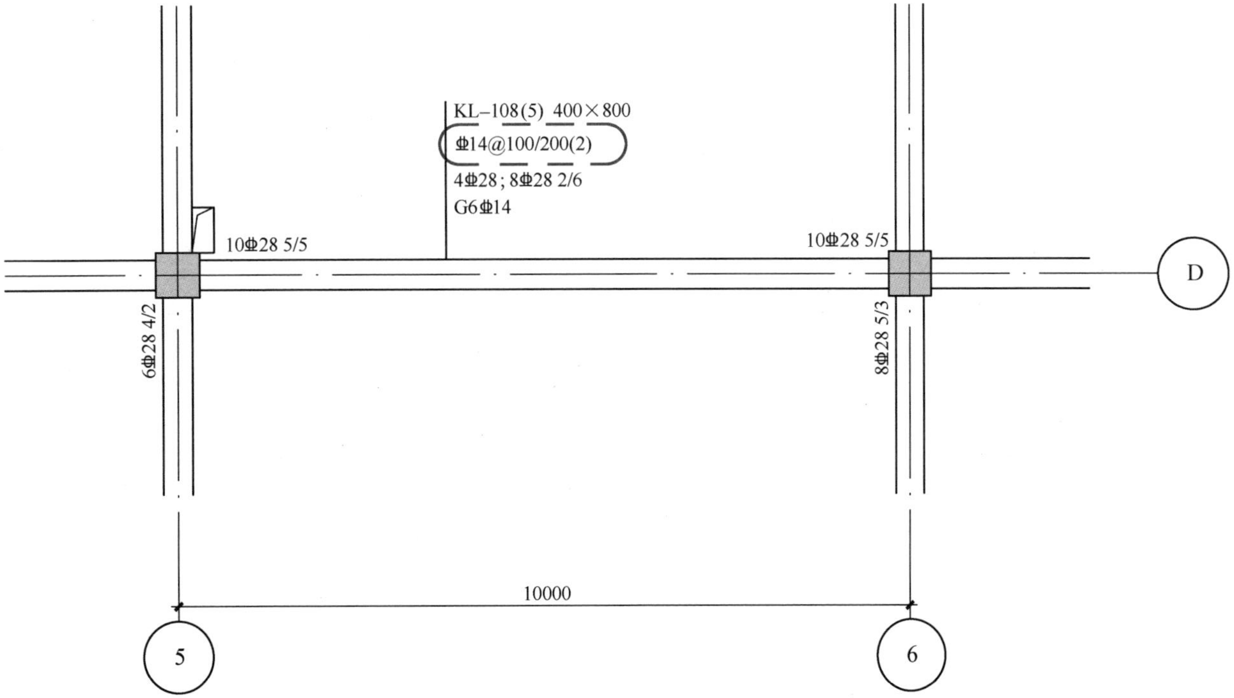

【问题说明】

KL-108 框架梁宽 400mm，根部下铁外排 6 Φ 28 钢筋，按规范要求应设置复合箍筋，图示配置双肢箍筋不能满足要求。

【问题解析】

框架梁根部在地震往复荷载下受力复杂，剪力及弯矩均较大，受压钢筋可增加负弯矩时的塑性转动能力，为防止混凝土压溃前受压钢筋失稳外鼓失效，多于 4 根时应设复合箍筋加强对受压纵筋的约束。

依据《混凝土结构设计规范》GB 50010—2010 第 9.2.9.4 条规定，“当梁的宽度大于 400mm 且一层内的纵向受压钢筋多于 3 根时，或当梁的宽度不大于 400mm 但一层内的纵向受压钢筋多于 4 根时，应设置复合箍筋。”《高层建筑混凝土结构技术规程》JGJ 3—2010 第 6.3.5.2 条规定，“在箍筋加密区范围内的箍筋肢距：一级不宜大于 200mm 和 20 倍箍筋直径的较大值，二、三级不宜大于 250mm 和 20 倍箍筋直径的较大值，四级不宜大于 300mm。”

图示 KL-108 框架梁宽 400mm，应设置四肢箍筋，箍筋直径可相应减小。

结构类型	
混凝土结构	BIAD 结构施工图常见问题解析
问题分类	
结构构造. 梁	
页码	北京市建筑设计研究院有限公司
3.5-2	

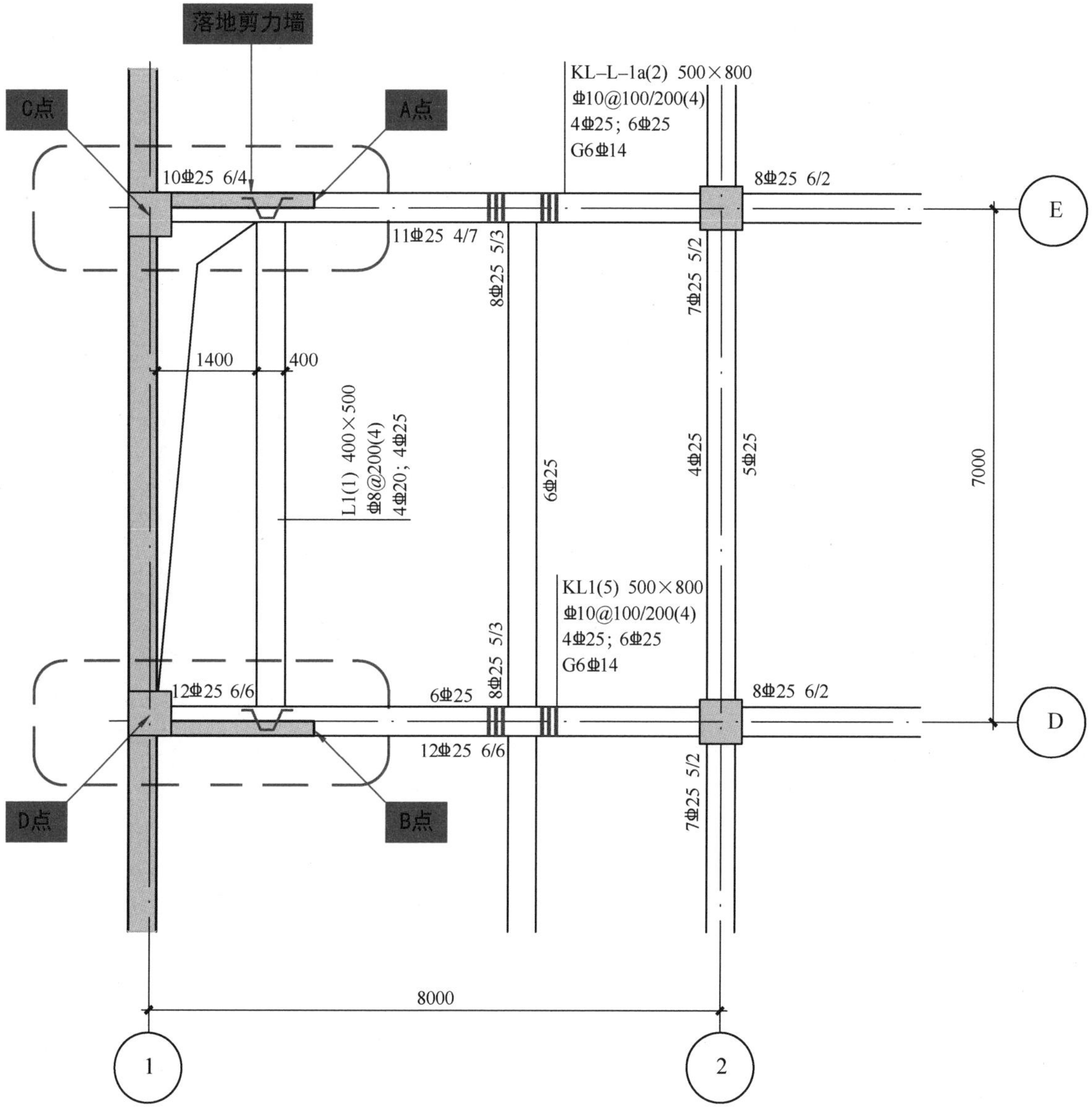

【问题说明】

KL-L-1a 及 KL1 框架梁，支座边应为墙端 A、B 点，A、B 点为梁负弯矩及剪力较大处，图示配筋布置以 C、D 点作为梁支座假定与实际受力不符。L1 次梁支座处不需设置吊筋。

【问题解析】

1. 框架梁 KL-L-1a 及 KL1 贯通剪力墙，为 CA 剪力墙和 DB 剪力墙的边框，支座边 A、B 点为梁负弯矩及剪力较大处，地震下易出现塑性铰，所以箍筋加密及梁负筋应自墙端布置，布置长度也自墙端算起，需在图中特别示意。

2. 次梁搭主梁处为防止集中荷载下，梁下部混凝土的撕裂和裂缝，规范要求加附加箍筋或吊筋，图示 L1 次梁支撑在落地剪力墙上，故不需设置吊筋。

结构类型	
混凝土结构	BIAD 结构施工图常见问题解析
问题分类	
结构构造. 梁	
页码	北京市建筑设计研究院有限公司
3.5-3	

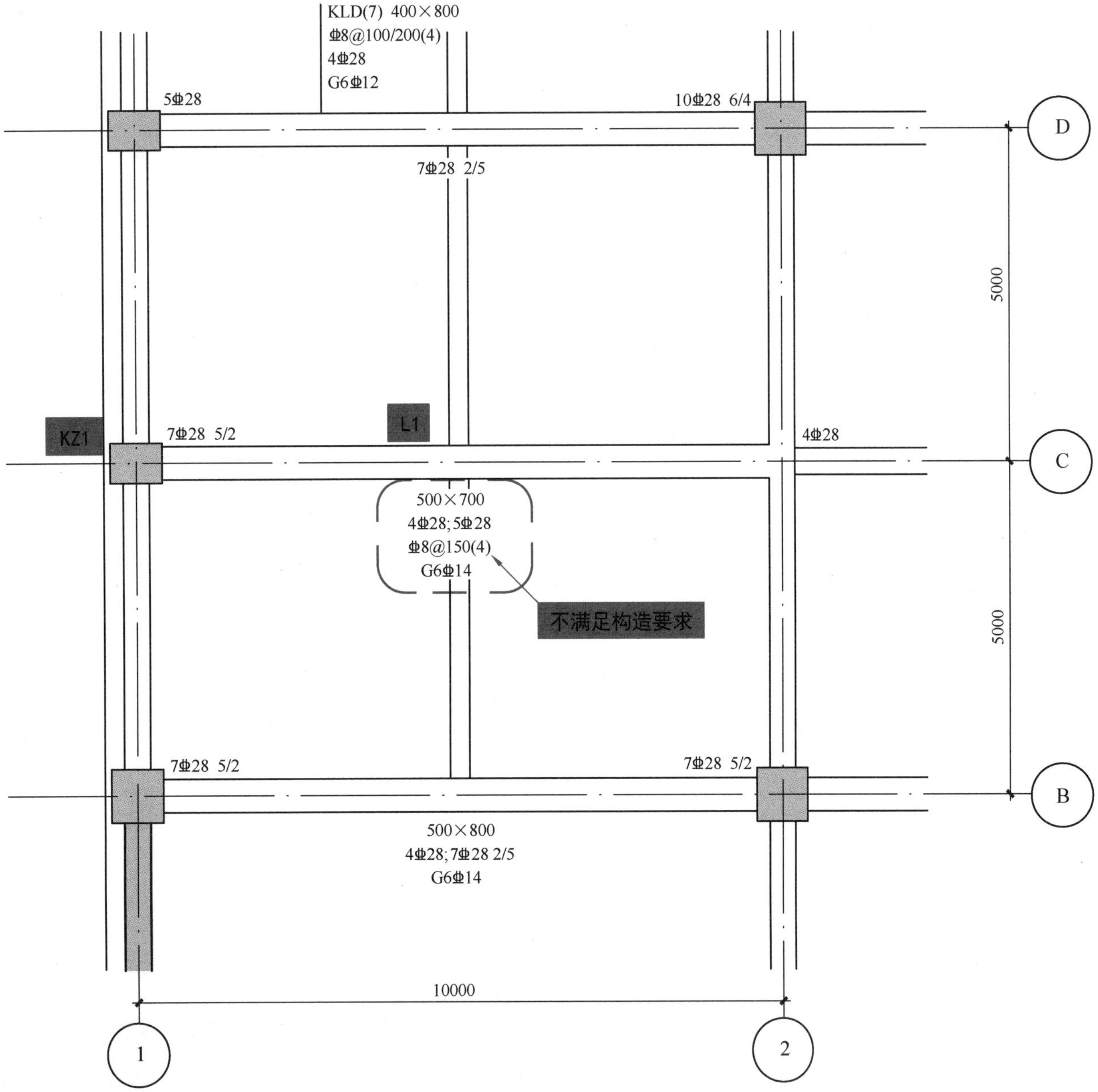

【问题说明】

图示结构框架抗震等级为二级，L1梁在KZ1框架柱端应按规范构造延性要求箍筋加密，纵筋按抗震要求锚入柱中。本工程均按次梁设计，梁端配箍Φ 8@150(4)低于要求的Φ 8@100(4)。

【问题解析】

在地震往复作用下，框架梁端破坏主要集中在1.5～2.0倍梁高长度范围，箍筋加密可以更好约束受压钢筋，防止受压钢筋压曲，提高梁端塑性转动能力。

依据《高层建筑混凝土结构技术规程》JGJ 3—2010第6.1.8条规定，“不与框架柱相连的次梁，可按非抗震要求进行设计。”与框架柱相连端应按抗震设计，其要求应与框架梁相同。

结构类型	
混凝土结构	BIAD 结构施工图常见问题解析
问题分类	
结构构造. 梁	
页码	北京市建筑设计研究院有限公司
3.5-4	

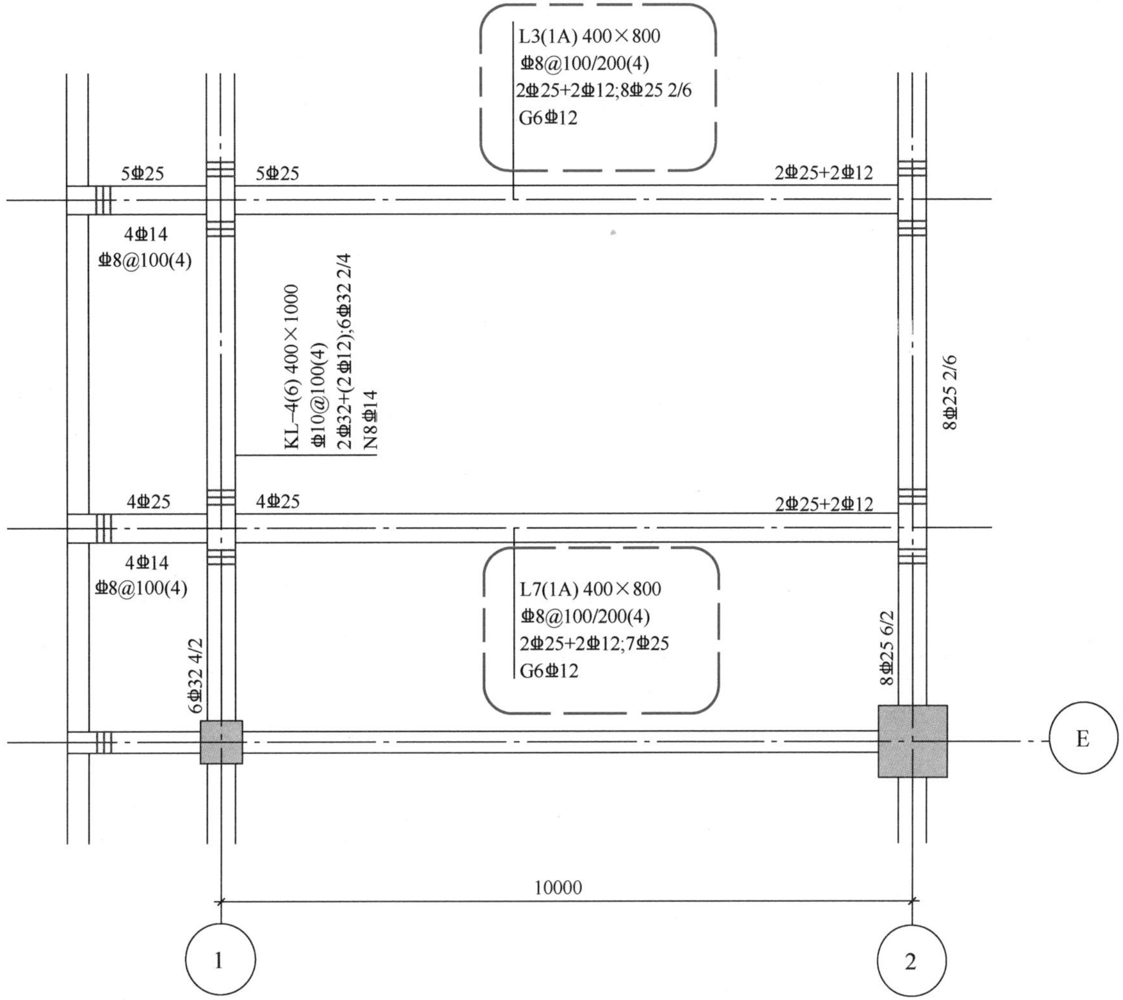

【问题说明】

次梁 L3、L7 两端配置 Φ8@200(2)箍筋即满足抗剪受力要求，不需要按抗震构造要求设置箍筋加密区。

【问题解析】

次梁仅承受正常使用荷载，不参与抗震，不需按抗震延性构造要求对梁端箍筋进行加密，梁端箍筋仅需满足抗剪强度要求即可。

依据《高层建筑混凝土结构技术规程》JGJ 3—2010 第 6.1.8 条规定，“不与框架柱相连的次梁，可按非抗震要求进行设计。”

结构计算
结构布置
结构构造
设计深度

结构类型	BIAD 结构施工图常见问题解析
混凝土结构	
问题分类	
结构构造.梁	
页码	北京市建筑设计研究院有限公司
3.5-5	

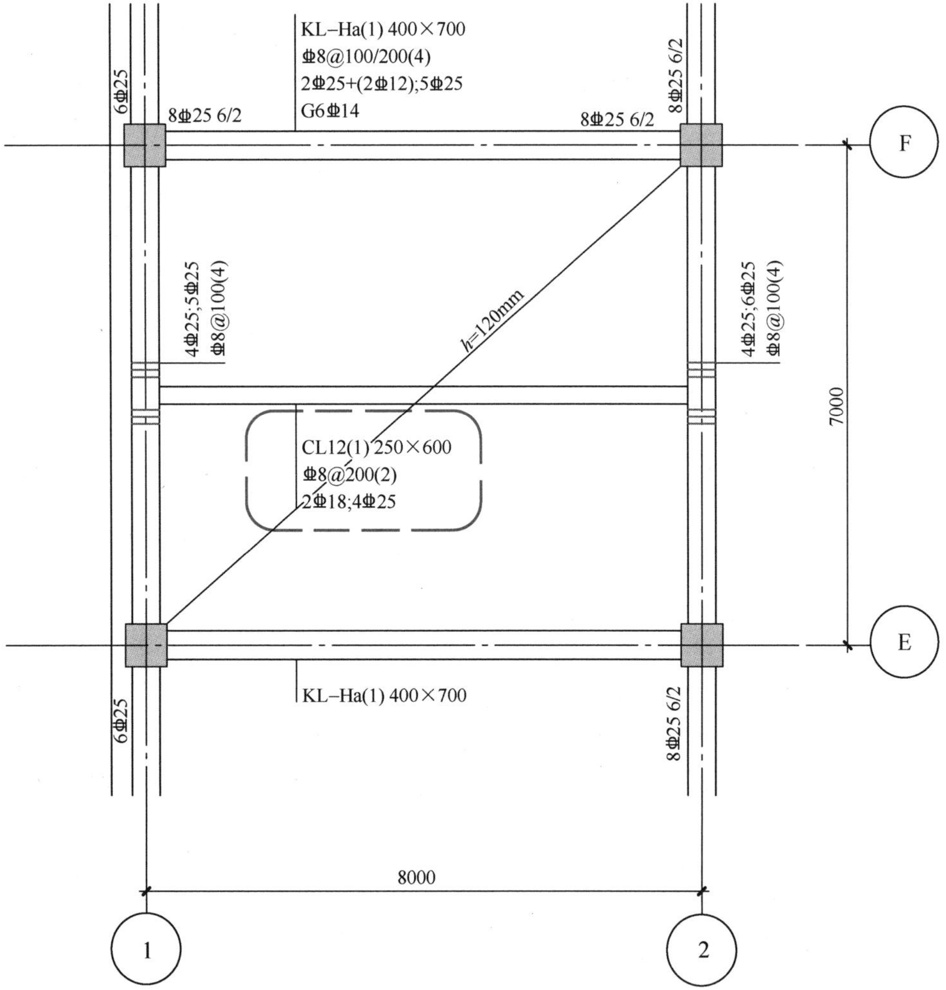

【问题说明】

CL12 梁高 600mm，楼板厚 120mm，梁的腹板高度 480mm，未按规范要求设置梁腰筋。

【问题解析】

由于梁高较大的梁侧面易产生垂直于梁轴线的收缩裂缝，应配置一定数量的腰筋以控制裂缝。

依据《混凝土结构设计范》GB 50010—2010 第 9.2.13 条规定，梁的腹板高度 h_w 不小于 450mm 时，在梁的两个侧面应沿高度配置纵向构造钢筋，规范给出了配置数量及间距要求。

结构类型 混凝土结构	BIAD 结构施工图常见问题解析
问题分类 结构构造.梁	
页码 3.5-6	北京市建筑设计研究院有限公司

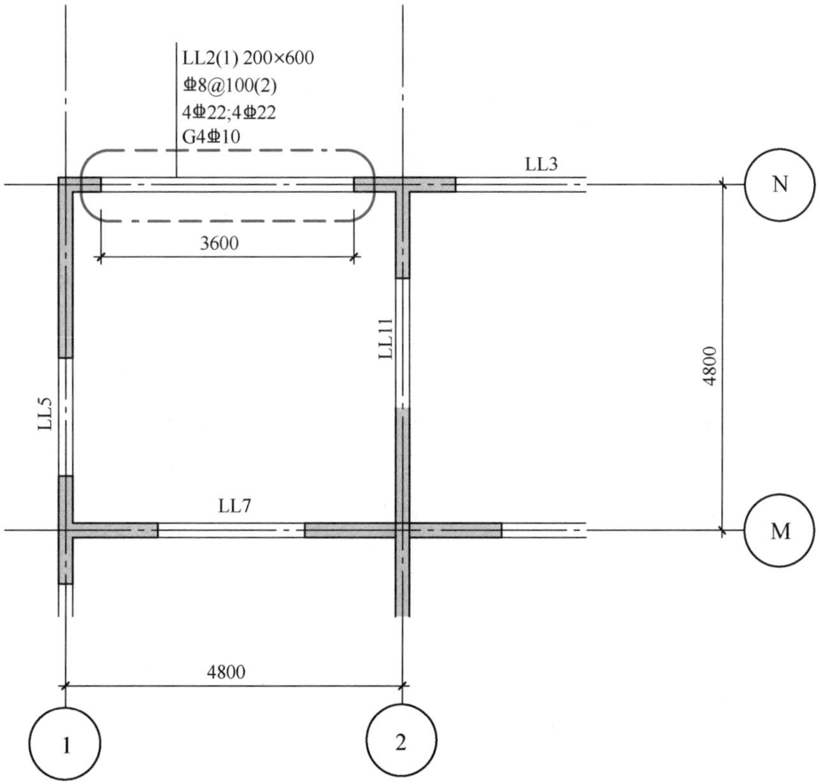

【问题说明】

LL2 连梁跨度 3600mm，高度 600mm，跨高比为 6 大于 5，宜按框架梁设计，箍筋可不全跨加密。

【问题解析】

当连梁跨高比较大时，受力形式同框架梁，与跨高比较小的连梁破坏方式不同，箍筋可仅在梁端加密即可。

依据《高层建筑混凝土结构技术规程》JGJ 3—2010 第 7.1.3 条规定，跨高比不小于 5 的连梁宜按框架梁设计，抗震等级与所连接的剪力墙的抗震等级相同。

结构类型	BIAD 结构施工图 常见问题解析
混凝土结构	
问题分类	
结构构造. 梁	
页码	北京市建筑设计研究院有限公司
3.5-7	

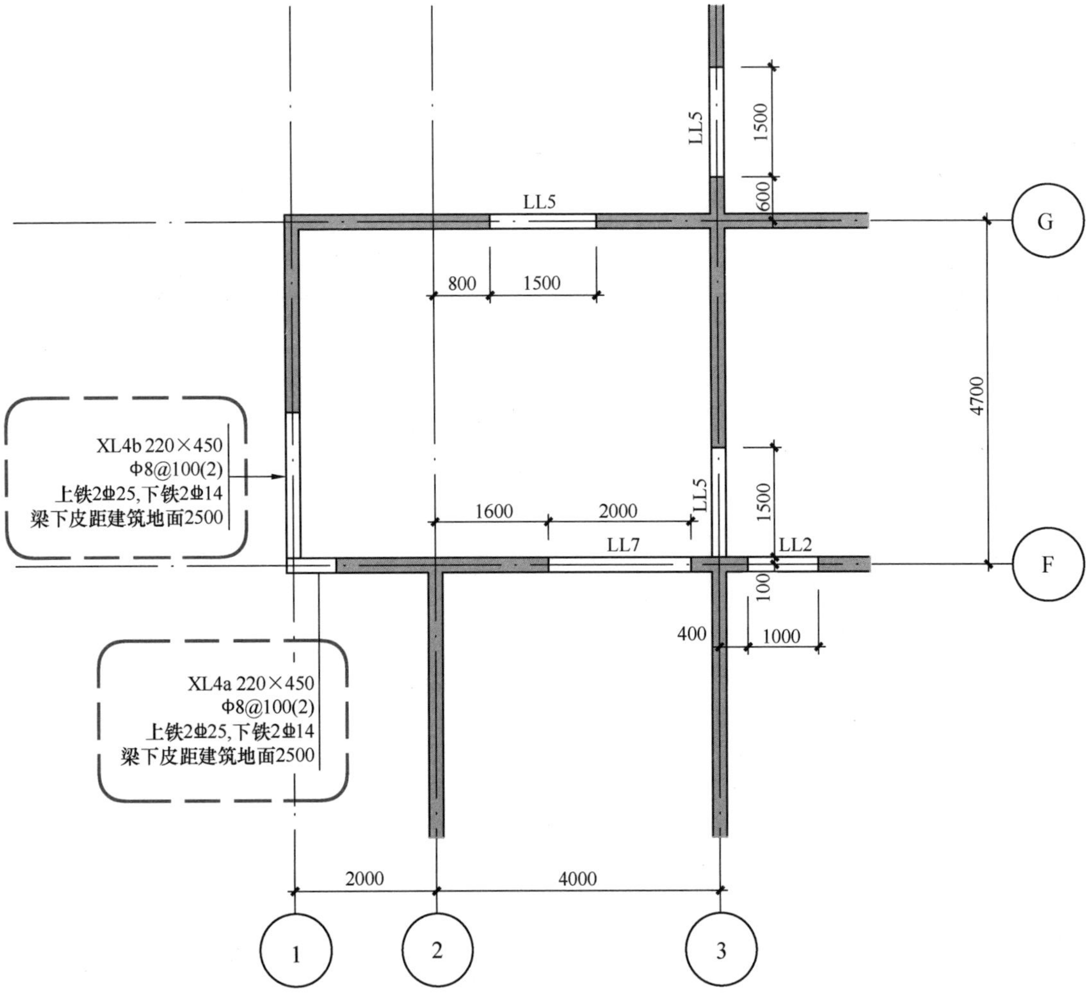

【问题说明】

转角窗 XL4b 梁与 XL4a 梁面外相互约束，应按抗扭构造配置箍筋或腰筋。

【问题解析】

XL4b 梁与 XL4a 梁各自受力，使相连支座转动，各自均产生扭转，应按抗扭构造配置箍筋或腰筋。

结构类型 混凝土结构	BIAD 结构施工图常见问题解析
问题分类 结构构造. 梁	
页码 3.5-8	北京市建筑设计研究院有限公司

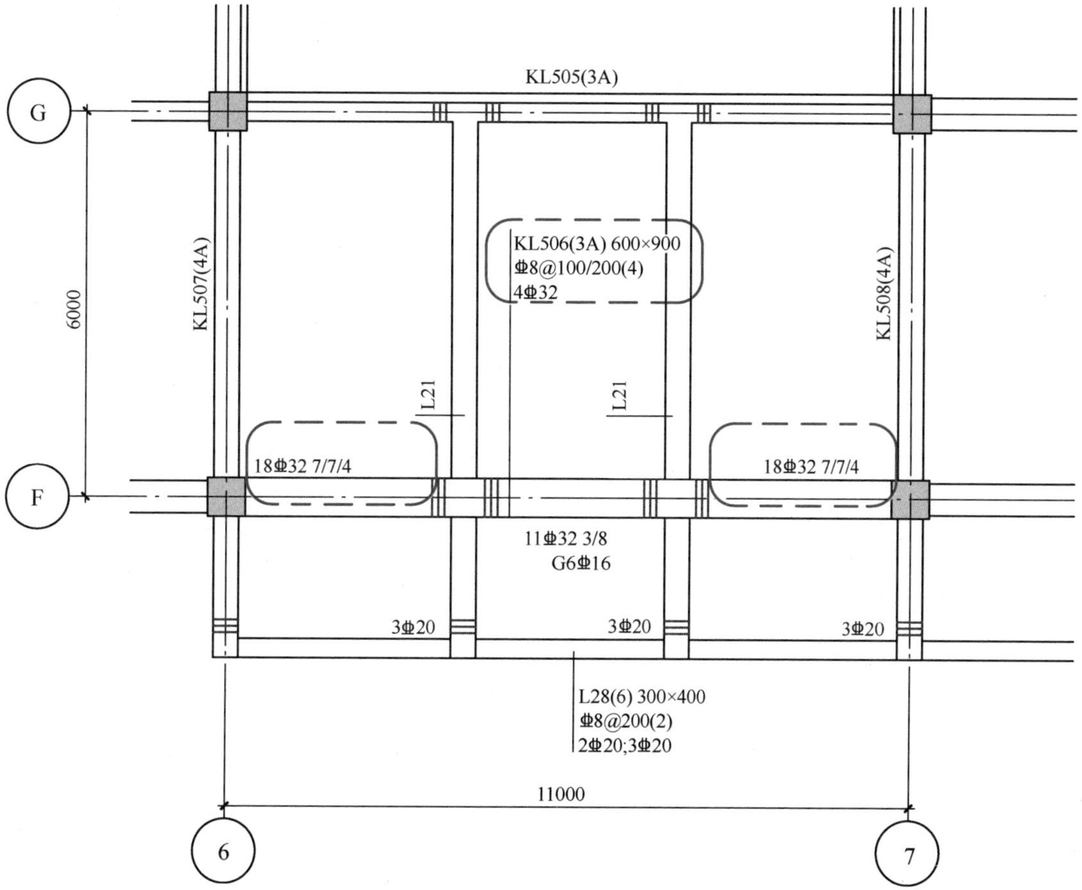

【问题说明】

1. 框架梁 KL506 梁端纵向钢筋配筋率 2.87%大于规范规定。

2. 框架梁 KL506 梁端纵向钢筋配筋率大于 2%，梁端箍筋最小直径未按规范要求增加 2mm。

【问题解析】

1. 受拉区配筋率过高，梁将因为受压区混凝土压碎导致破坏，这种破坏在没有明显预兆下发生，为脆性破坏，虽配置一定数量受压钢筋会增加延性，提高抵抗脆性破坏能力，但提高值是有限度的。具体规定详见《高层建筑混凝土结构技术规程》JGJ 3—2010 第 6.3.3.1 条要求。图示框架梁 KL506 梁端纵向钢筋配筋率 2.87%大于规范 2.75%最大限值。

2. 梁端受拉纵筋配筋率较高时，应加大箍筋面积加强对受压区混凝土的约束，更好发挥受压钢筋作用，提高梁的延性。依据《高层建筑混凝土结构技术规程》JGJ 3—2010 第 6.3.2.4 条“抗震设计时，梁端箍筋的加密区长度、箍筋最大间距和最小直径应符合表 6.3.2-2 的要求；当梁端纵向钢筋配筋率大于 2%时，表中箍筋最小直径应增大 2mm。”此为强条。本设计框架抗震等级为二级，梁端纵向钢筋配筋率 2.87%大于 2%，梁加密区的箍筋最小直径应为 10mm。

结构类型	
混凝土结构	BIAD 结构施工图常见问题解析
问题分类	
结构构造.梁	
页码	北京市建筑设计研究院有限公司
3.5-9	

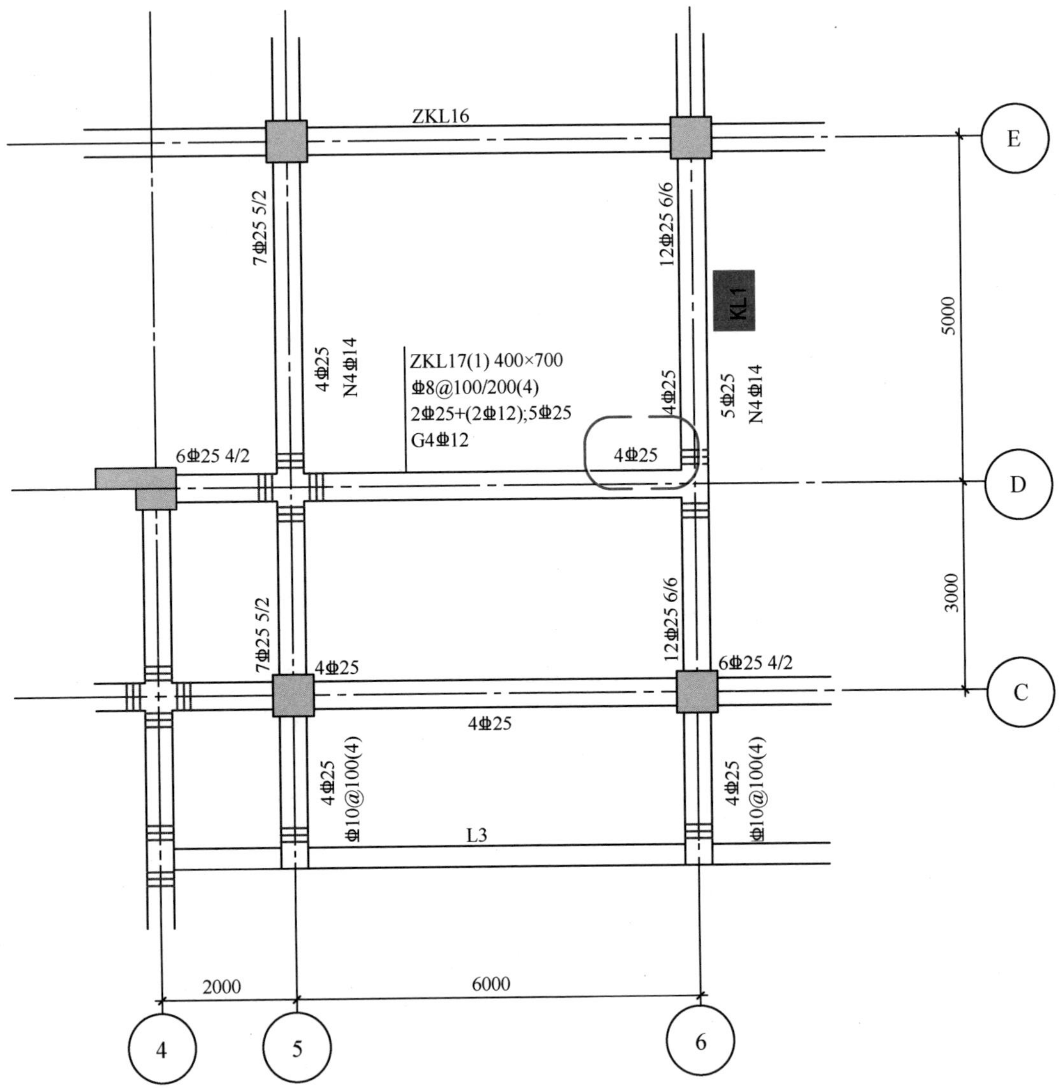

【问题说明】

ZKL17 梁端支撑在 KL1 梁上，支座上铁 4 Φ 25 偏于浪费。

【问题解析】

KL1 梁面外刚度较差，当 ZKL17 梁承受荷载时，KL1 梁可以作微小的转动，ZKL17 梁右端假定为铰接与实际受力情况相近。由于现浇节点尚有一定的约束刚度，所以应按规范规定配置一定数量的上铁。但由于一般情况主梁的扭转刚度有限，次梁端的负弯矩不会很大，过多的配筋没有必要，图示上铁偏大。

结构类型	
混凝土结构	BIAD 结构施工图常见问题解析
问题分类	
结构构造. 梁	
页码	北京市建筑设计研究院有限公司
3.5-10	

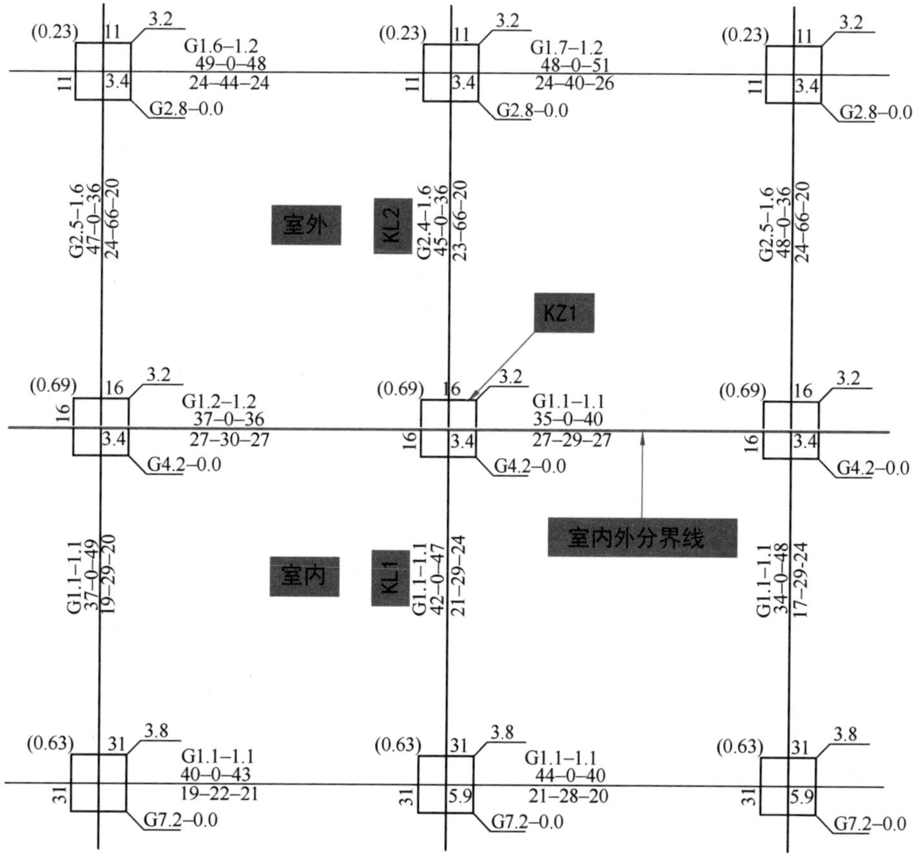

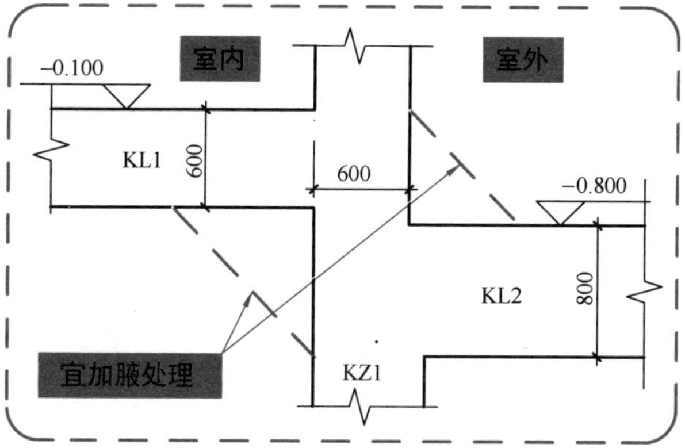

【问题说明】

图示室内 KL1 梁面高于室外 KL2 梁面 700mm，室内 KL1 梁高 600mm，相邻楼盖结构高度超过梁高范围，局部形成错层。计算未考虑室内外错层的不利影响，计算模型不能反映真实受力情况，设计偏于不安全。

【问题解析】

1. 相邻楼盖结构高度超过梁高范围，KL1、KL2 支座弯矩均由 KZ1 柱平衡，不能相互传递。计算模型假定室内外梁面齐平，KL1 与 KL2 在支座处相互约束，弯矩相互有效传递，与实际受力不符，KL1、KL2 跨中下铁及 KZ1 柱节点偏于不安全。

2. 地震作用下，地上结构承受的地震剪力需通过−0.100 标高板传至剪力墙及周圈挡土墙上，KZ1 局部形成超短柱，受力复杂、应力集中，非常不利。建议按图示沿梁高方向于室外或室内加腋处理，使室内外梁端受力有效传递，增强节点承载能力，减小楼板地震剪力对 KZ1 框架柱的不利影响。另外计算分析模型应能反映室内外错层的不利影响，以保证安全。

结构类型	BIAD 结构施工图常见问题解析
混凝土结构	
问题分类	
结构构造. 梁	
页码	北京市建筑设计研究院有限公司
3. 5-11	

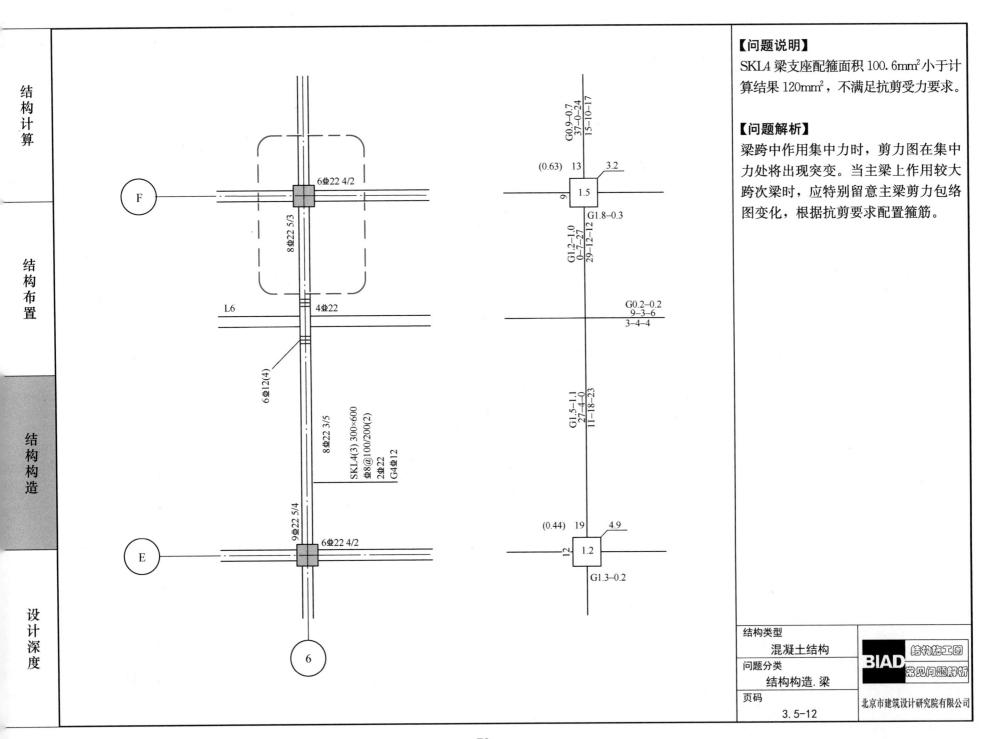

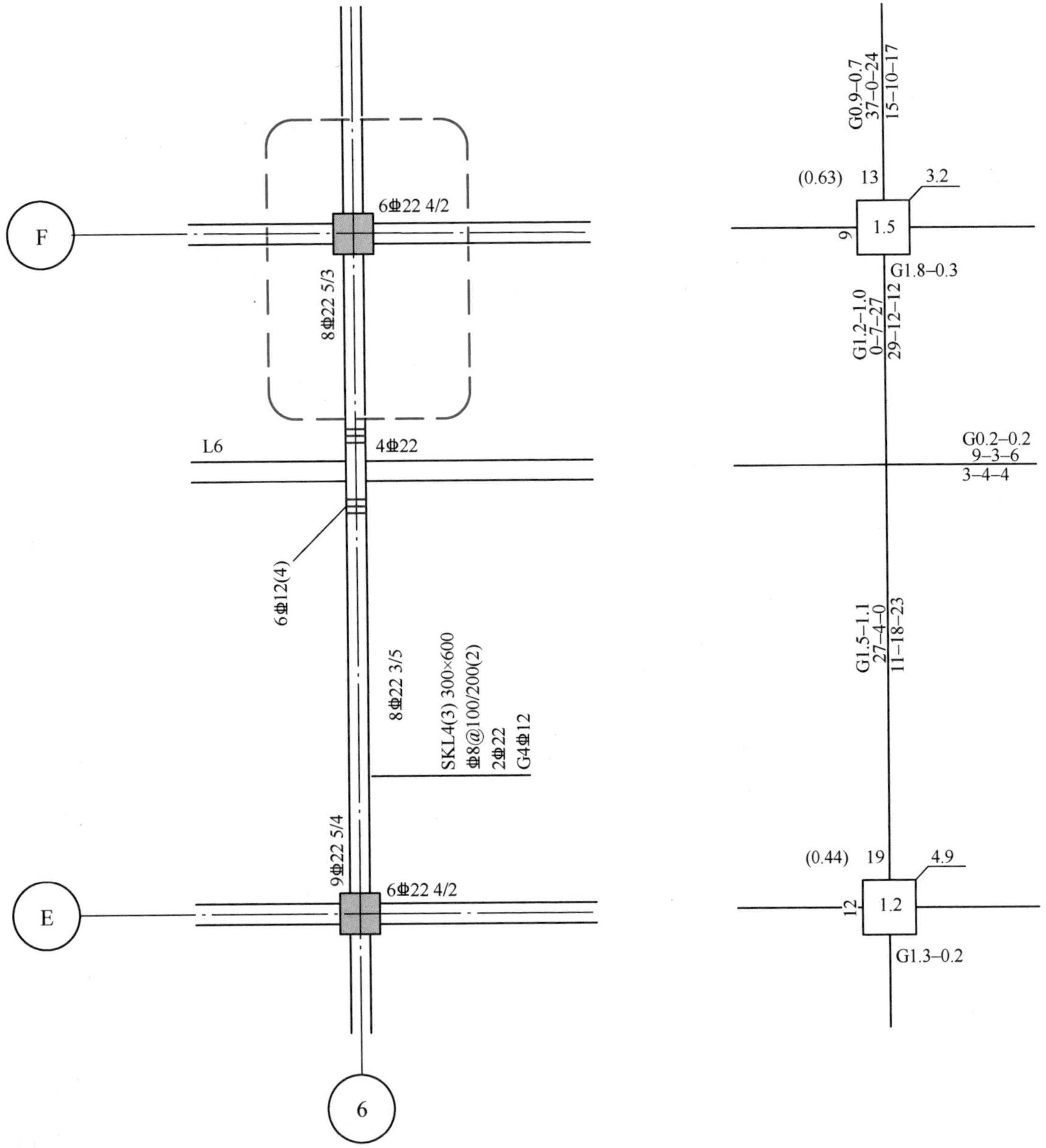

【问题说明】

SKL4 梁支座配箍面积 100.6mm² 小于计算结果 120mm²，不满足抗剪受力要求。

【问题解析】

梁跨中作用集中力时，剪力图在集中力处将出现突变。当主梁上作用较大跨次梁时，应特别留意主梁剪力包络图变化，根据抗剪要求配置箍筋。

结构类型 混凝土结构	BIAD 结构施工图常见问题解析 北京市建筑设计研究院有限公司
问题分类 结构构造.梁	
页码 3.5-12	

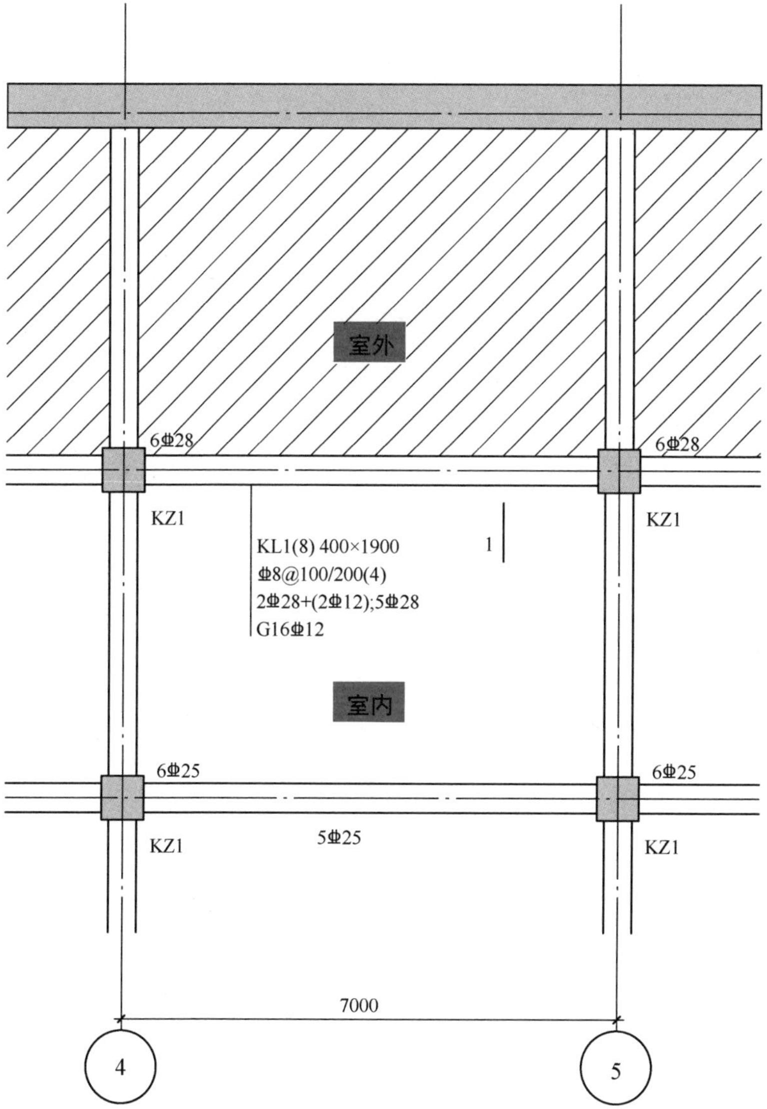

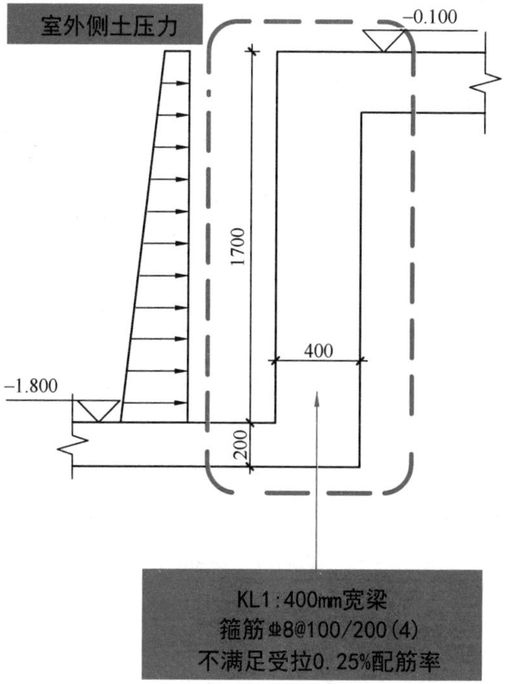

【问题说明】

室内外降板 1700mm，KL1 边梁未考虑室外侧土压力作用，梁宽 400mm，配置的 ⏀8@100/200 箍筋不能满足受拉最小配筋率 0.25％要求。

【问题解析】

KL1 梁承受竖向荷载的同时，也作为支撑在楼板之间的挡土墙，承受室外一侧降板处的土压力，梁侧箍筋尚需承受弯矩产生的拉力，箍筋除满足强度要求，还应按规范受拉最小配筋率配置箍筋。

结构类型	
混凝土结构	BIAD 结构施工图常见问题解析
问题分类	
结构构造. 梁	
页码	北京市建筑设计研究院有限公司
3. 5-13	

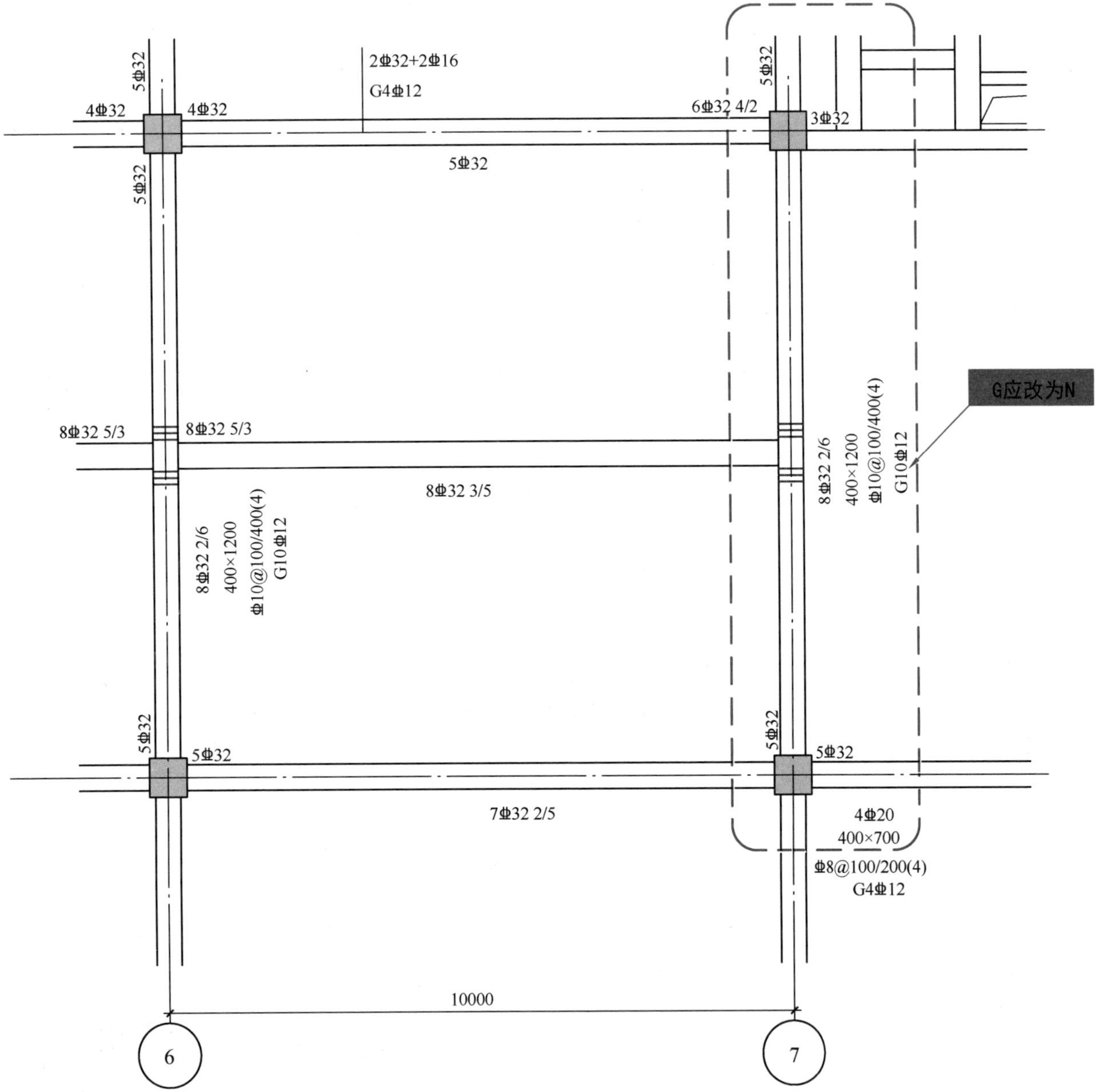

【问题说明】

现浇楼盖中，作为较大跨次梁端支座的主梁(图示虚线框中梁)，应考虑次梁作用下产生扭矩的不利影响。

【问题解析】

主梁抗扭刚度虽然相对较弱，但对于现浇节点仍有一定的约束刚度，当较大跨次梁在竖向荷载作用下，次梁端支座发生转动将主梁随之面外转动，主梁应按受扭设计和构造，梁腰筋在扭矩作用下受拉，应按受拉钢筋锚固要求锚入两端支座，当参照《混凝土结构施工图平面整体表示方法制图规则和构造详图(现浇混凝土框架、剪力墙、梁、板)》16G101-1 制图时，梁腰筋应以符号“N”标注示意。

结构类型	BIAD 结构施工图常见问题解析
混凝土结构	
问题分类	
结构构造. 梁	
页码	北京市建筑设计研究院有限公司
3. 5-14	

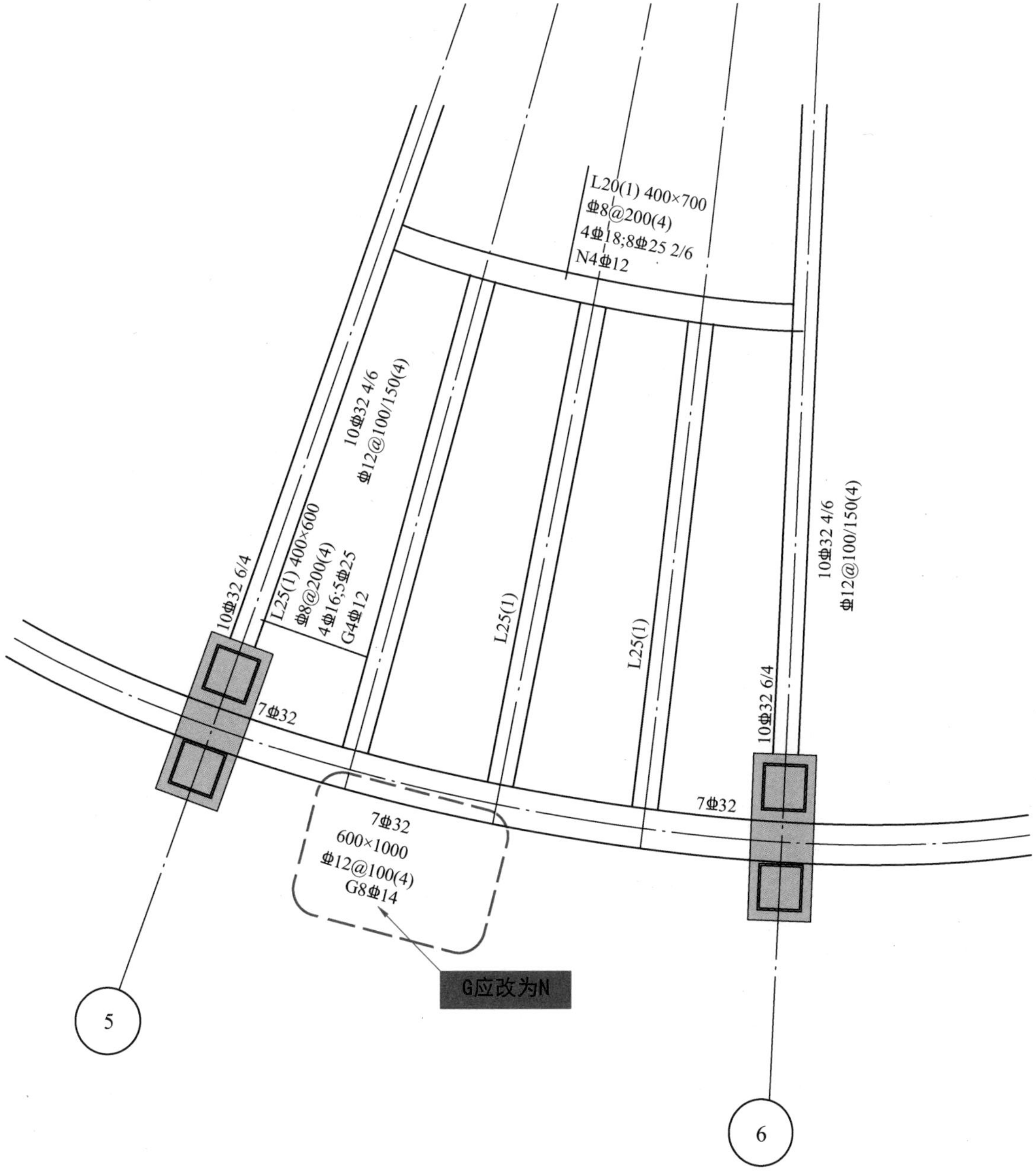

【问题说明】

弧梁未按受扭要求设计腰筋。

【问题解析】

弧梁在竖向荷载作用下将产生扭矩，应按受扭要求配置箍筋、纵筋。图示中弧梁腰筋应按受拉钢筋锚固要求锚入两端支座，当参照《混凝土结构施工图平面整体表示方法制图规则和构造详图（现浇混凝土框架、剪力墙、梁、板）》16G101-1 制图时，梁腰筋应以符号"N"标注示意。

结构类型	
混凝土结构	BIAD 结构施工图常见问题解析
问题分类	
结构构造. 梁	
页码	北京市建筑设计研究院有限公司
3.5-15	

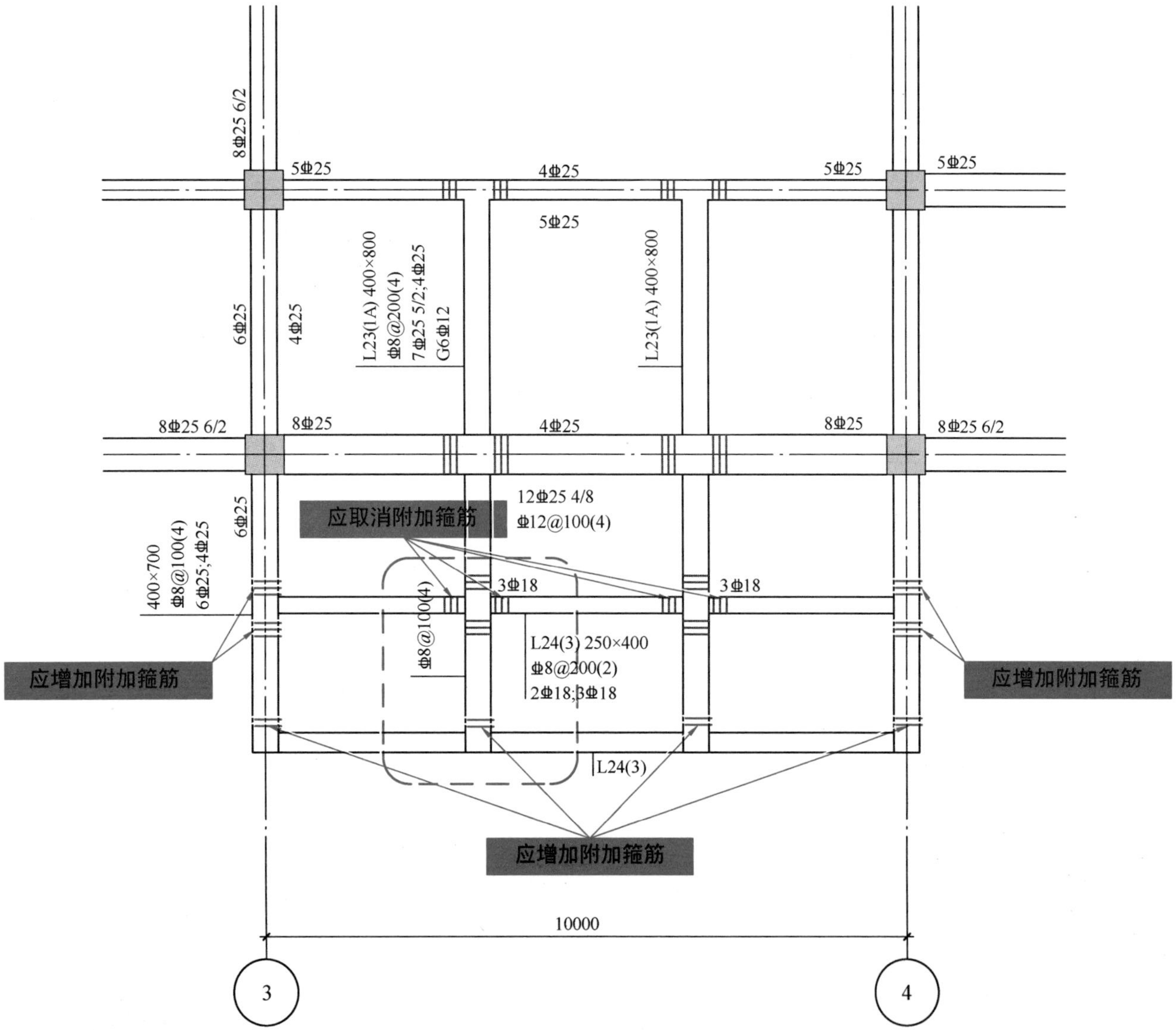

【问题说明】

附加箍筋设置位置错误，或缺少或无必要。

【问题解析】

为防止集中荷载影响区下部混凝土的撕裂及裂缝，并弥补间接加载导致的梁斜截面受剪承载力降低，依据《混凝土结构设计规范》GB 50010—2010 第9.2.11条规定，“位于梁下部或梁截面高度范围内的集中荷载，应全部由附加横向钢筋承担；附加横向钢筋宜采用箍筋。”此要求是针对主梁的，而支撑在主梁上的次梁无需执行此规定。图示附加箍筋设置位置或缺少或无必要。

结构类型	
混凝土结构	BIAD 结构施工图常见问题解析
问题分类	
结构构造. 梁	北京市建筑设计研究院有限公司
页码	
3.5-16	

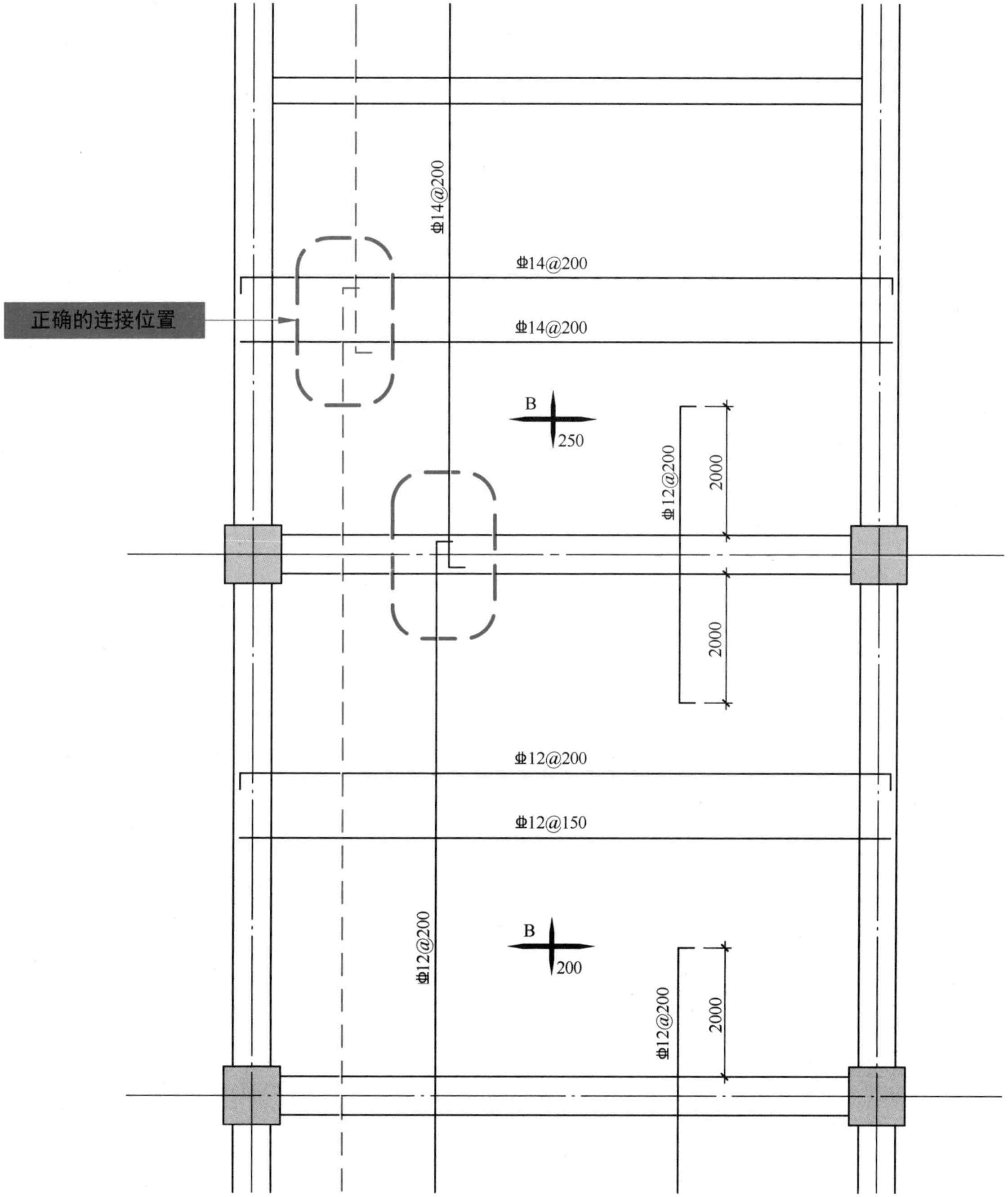

【问题说明】

相邻楼板通长上铁规格不同时，不应采用锚固在负弯矩较大的连续支座处的连接作法，不符合规范设计要求，且支座钢筋过密，支座混凝土密实性不易保证。

【问题解析】

1. 相邻楼板支座处相互约束，支座负弯矩最大，板上皮钢筋受拉，依照《混凝土结构设计规范》GB 50010—2010 第 8.4.1 条及 8.4.3 条规定，在结构关键传力部位，纵向受力钢筋不宜设置连接接头；且对于板位于同一连接区段内的受拉钢筋接头面积百分率要求不宜大于 25%。图示全截面连接作法不符合规范规定。

2. 两侧上铁均锚固于支座内，加上梁配置的箍筋，梁上皮配筋较密，不利混凝土的浇捣。

结构类型	
混凝土结构	
问题分类	
结构构造. 板	
页码	
3.6-1	

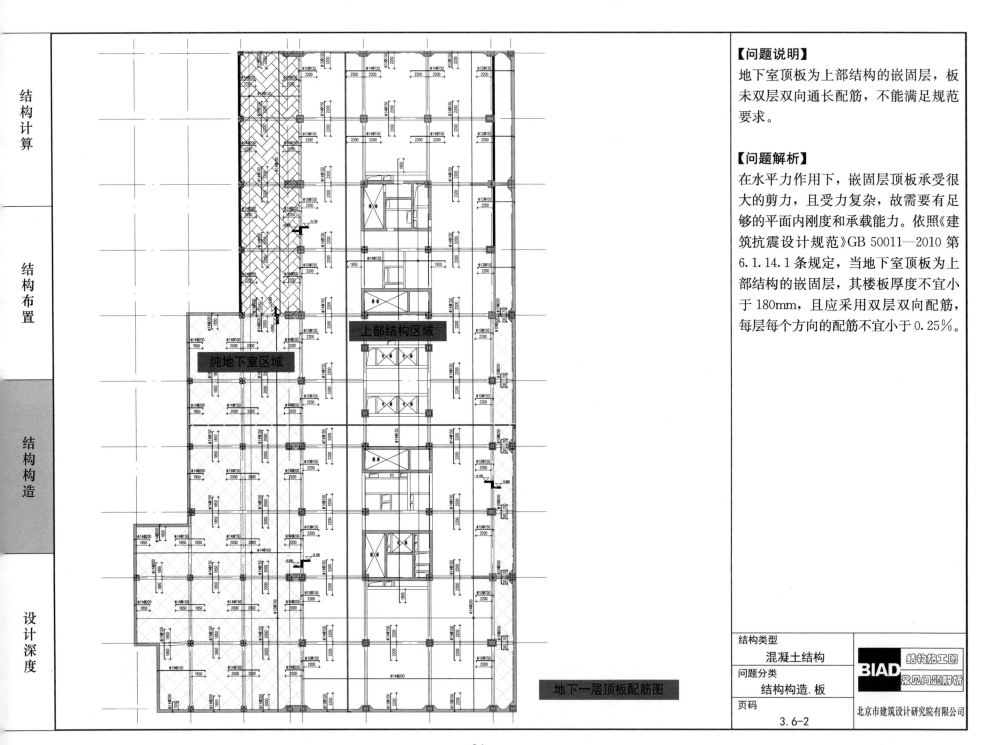

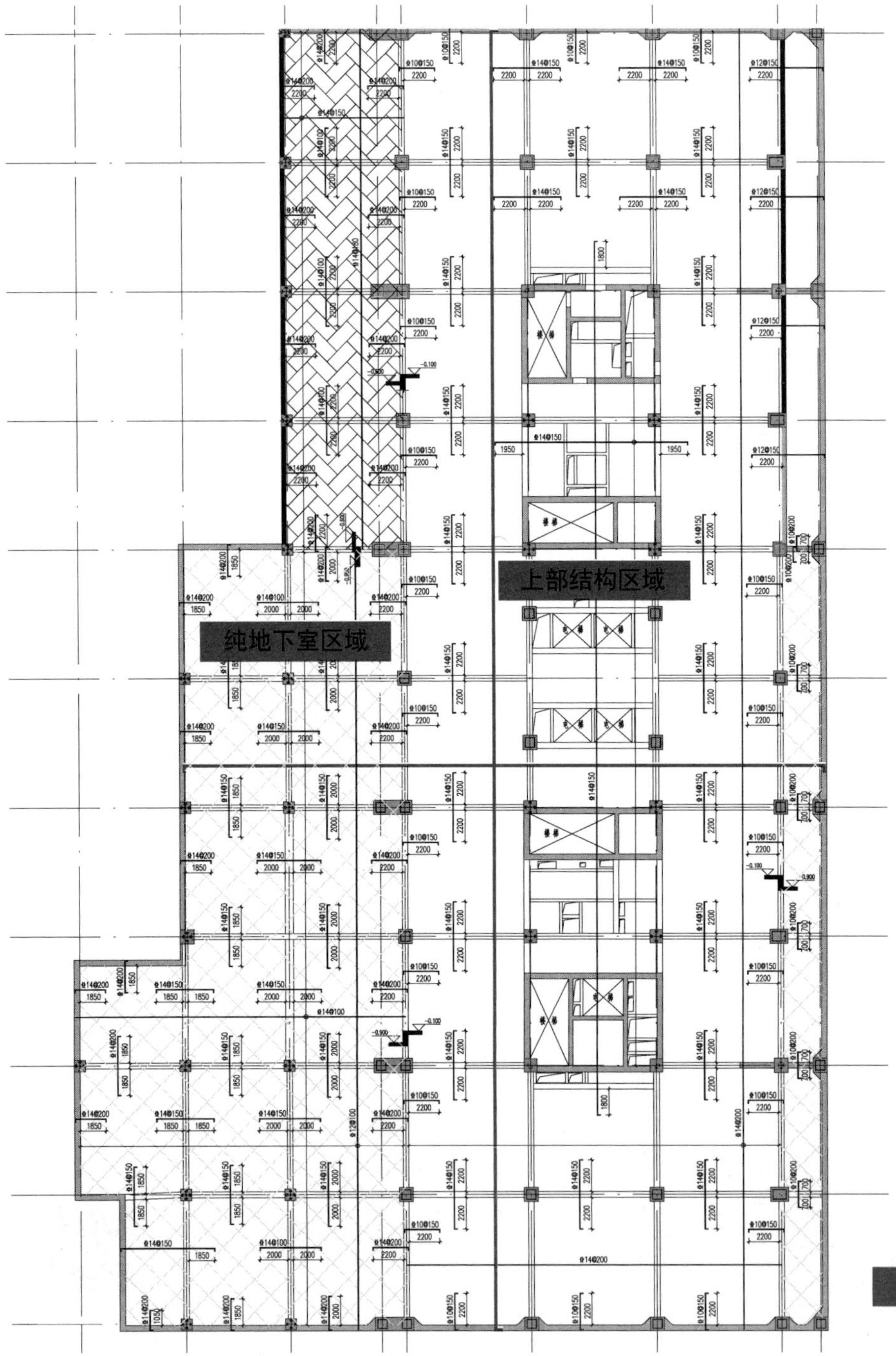

地下一层顶板配筋图

【问题说明】

地下室顶板为上部结构的嵌固层，板未双层双向通长配筋，不能满足规范要求。

【问题解析】

在水平力作用下，嵌固层顶板承受很大的剪力，且受力复杂，故需要有足够的平面内刚度和承载能力。依照《建筑抗震设计规范》GB 50011—2010 第 6.1.14.1 条规定，当地下室顶板为上部结构的嵌固层，其楼板厚度不宜小于 180mm，且应采用双层双向配筋，每层每个方向的配筋不宜小于 0.25%。

结构类型	混凝土结构
问题分类	结构构造. 板
页码	3.6-2

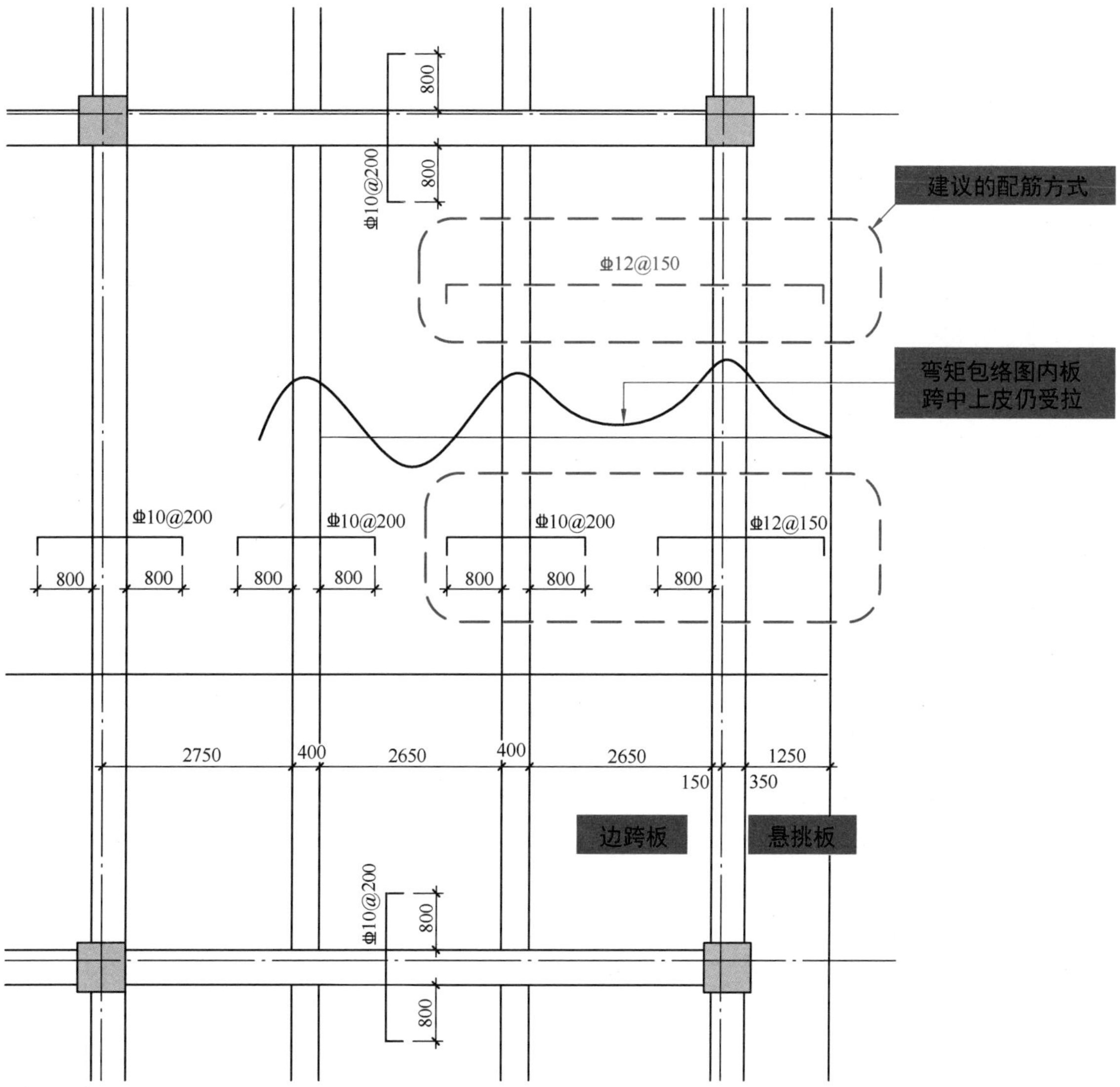

【问题说明】

图示悬挑板净跨 1250mm，边跨板为净跨 2800mm 的单向板，悬挑板端作用较大建筑维护幕墙荷载，由于边跨板跨度较小，荷载作用下边跨板跨中上皮依然受拉，图示悬挑板负筋 Φ12@150 伸入边跨板 800mm 长度不足，不能满足边跨板跨中上皮受力需要。

【问题解析】

应根据板的弯矩包络图，设计悬挑板上铁伸入边跨板的长度，以满足受力需要，当平衡悬挑板弯矩的相邻边跨板跨度较小时，边跨板跨中上皮可能受拉，可延伸悬挑板上铁至第二跨内。

结构类型 混凝土结构	BIAD 结构施工图常见问题解析
问题分类 结构构造. 板	
页码 3.6-3	北京市建筑设计研究院有限公司

结构计算

结构布置

结构构造

设计深度

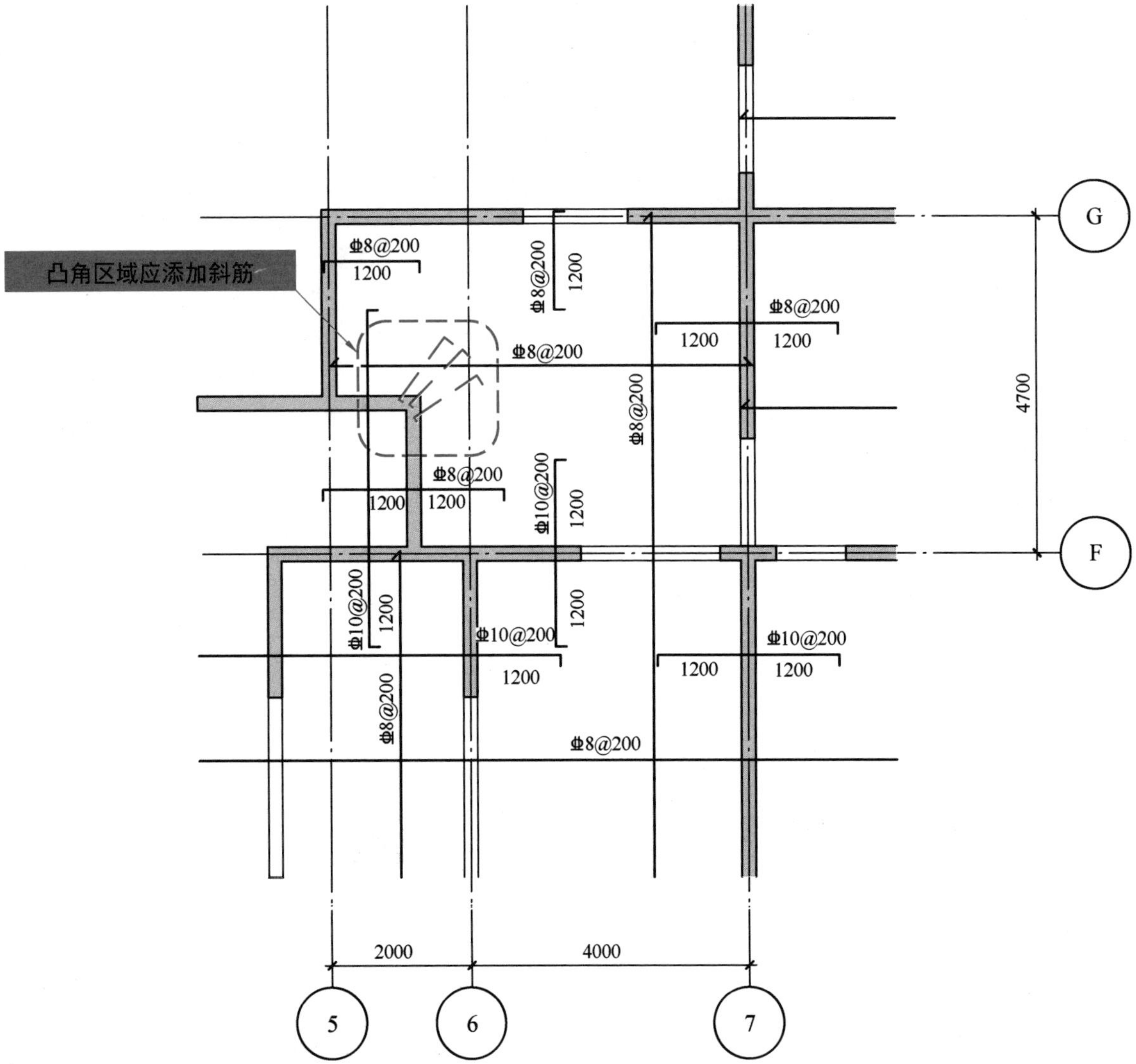

【问题说明】

图示楼板凸角处应布置斜向钢筋。

【问题解析】

图示楼板凸角区域应力集中，原设计此区域双方向未布置负筋，需附加斜向钢筋，防止楼板出现裂缝。

结构类型	BIAD 结构施工图常见问题解析
混凝土结构	
问题分类	
结构构造. 板	
页码	北京市建筑设计研究院有限公司
3.6-4	

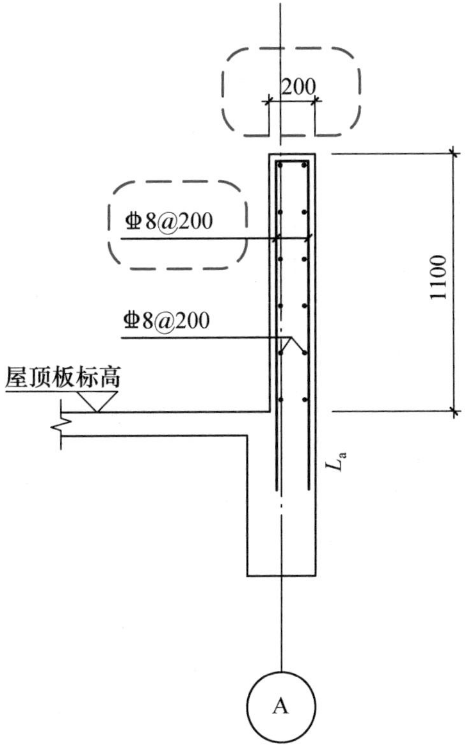

【问题说明】

200mm 厚屋顶女儿墙，竖向配筋不满足规范有关受拉最小配筋率的要求。

【问题解析】

女儿墙应按照荷载规范要求的水平荷载计算竖向钢筋，并应遵守《混凝土结构设计规范》GB 50010－2010 第 8.5.1 条规定，钢筋混凝土结构构件中纵向受力钢筋的配筋率 ρ_{min} 不应小于表 8.5.1 规定的数值，受弯构件、偏心受拉、轴心受拉构件一侧的受拉钢筋最小配筋率为 0.2 和 $45f_t/f_y$ 的较大值。保证截面开裂后，构件不会立即失效，即在最小配筋率的条件下，构件的承载力不低于同截面素混凝土构件的开裂承载力。

结构类型	
混凝土结构	BIAD 结构施工图常见问题解析
问题分类	
结构构造. 详图	北京市建筑设计研究院有限公司
页码	
3.7-1	

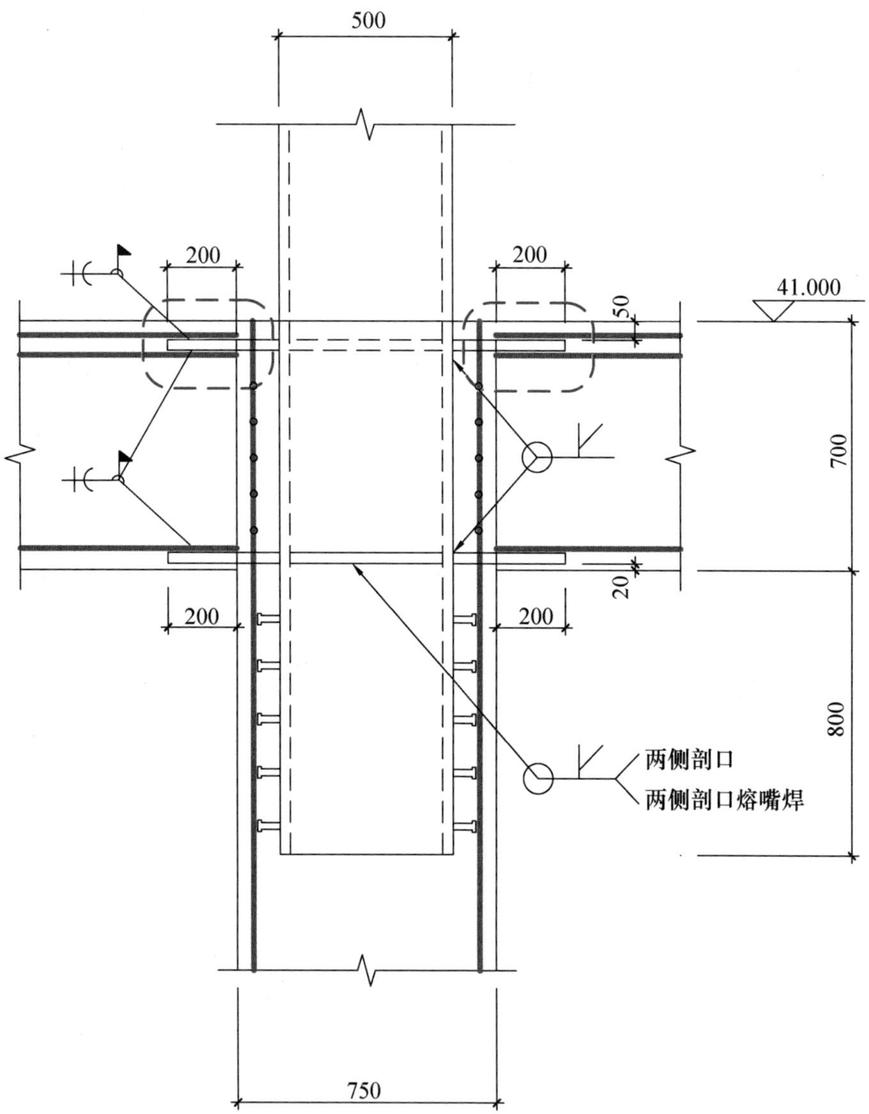

【问题说明】

钢筋混凝土梁上铁第二排筋焊接在钢骨柱外伸钢隔板下皮，现场施工难度大，质量不易保证。

【问题解析】

由于仰焊技术对焊工的操作技术要求高，效率比其他位置低，质量不易保证，图示做法钢筋混凝土梁上铁第二排筋承受的拉力，可能因为焊接质量不能有效传递至框架柱中。

结构类型	BIAD 结构施工图常见问题解析
混凝土结构	
问题分类	
结构构造. 详图	
页码	北京市建筑设计研究院有限公司
3.7-2	

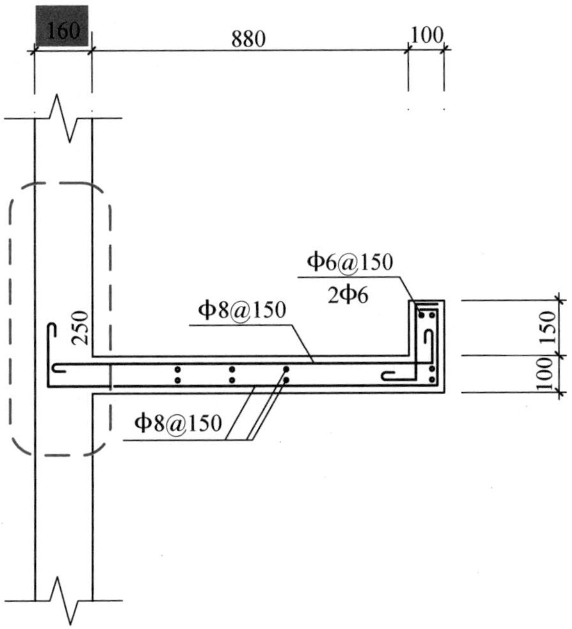

【问题说明】

图示悬挑雨罩根部上铁锚入支座长度偏小不满足受力要求，下铁锚固长度偏长无必要。

【问题解析】

悬挑雨罩上皮受拉，上铁应按照《混凝土结构设计规范》GB 50010—2010第8.3.1条规定的受拉锚固长度 L_a 及锚固最小构造长度不小于200mm，锚入支座中，否则可能因为锚固长度不足，受拉钢筋从支座构件中抽离失效。

悬挑雨罩下皮受压，下铁锚入支座满足12d及伸过支座构件宽度中线即可。

结构类型	
混凝土结构	BIAD 结构施工图常见问题解析
问题分类	
结构构造.详图	
页码	北京市建筑设计研究院有限公司
3.7-3	

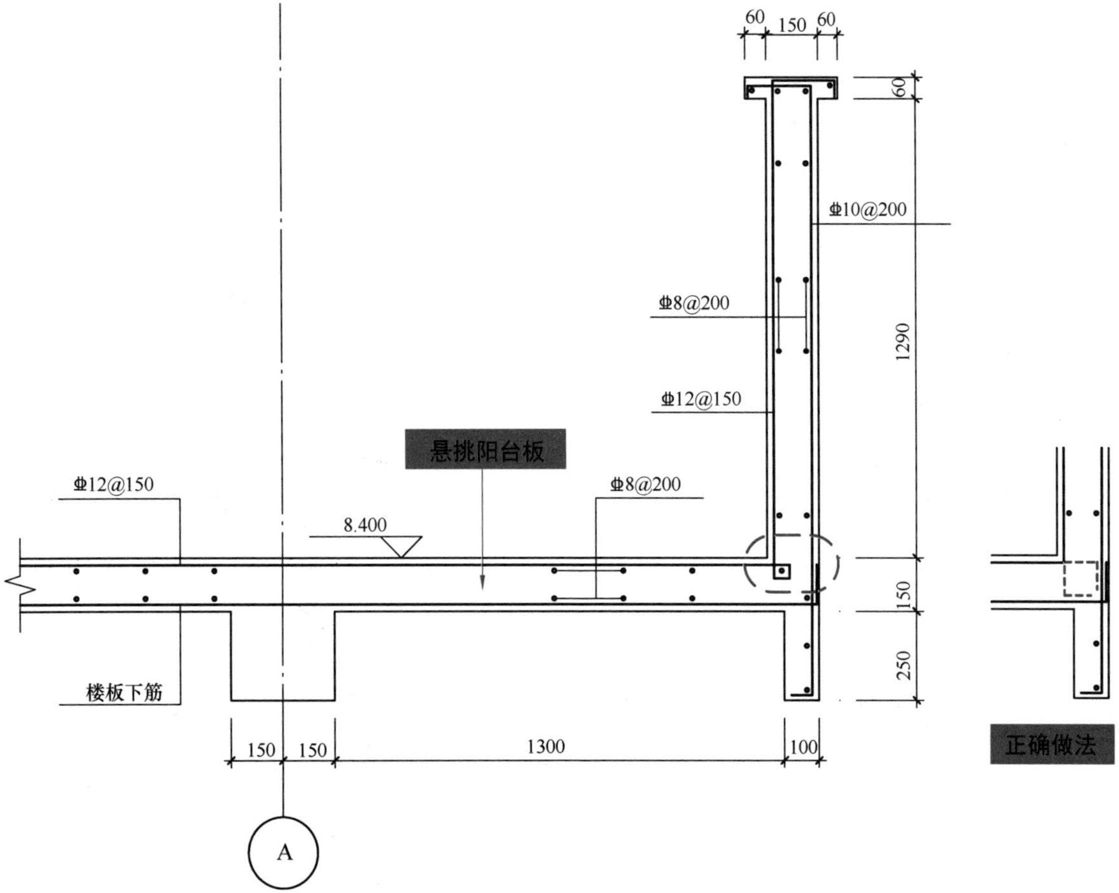

【问题说明】

图示悬挑阳台板受拉上铁为 HRB400 级别钢筋，与阳台栏板竖向钢筋连接做法错误。

【问题解析】

图示这种做法是以往针对Ⅰ级钢的习惯做法，HRB400 级别钢筋变形能力较Ⅰ级钢筋差，360 度弯折可能使钢筋断裂，应改为相互锚固方式传递内力。

结构类型	
混凝土结构	
问题分类	
结构构造. 详图	
页码	
3. 7-4	

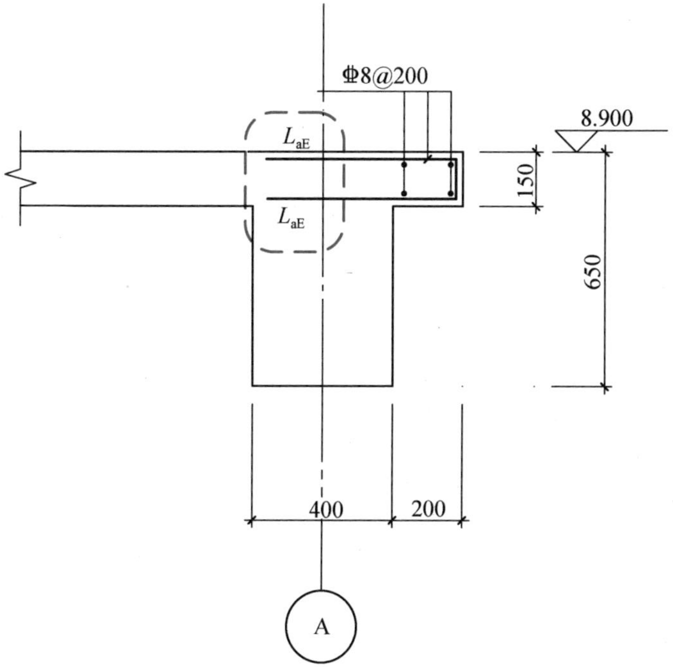

【问题说明】

楼板为非抗震构件，图示挑口上铁锚固长度满足 L_a 即可；挑口下铁受压，可按受压锚固要求锚入梁中。

【问题解析】

楼板为非抗震构件，挑口上铁伸入支座长度不需满足抗震构造要求的 L_{aE}；挑口下铁受压，可按受压锚固要求确定其锚固长度。

结构类型	
混凝土结构	BIAD 结构施工图常见问题解析
问题分类	
结构构造. 详图	
页码	北京市建筑设计研究院有限公司
3.7-5	

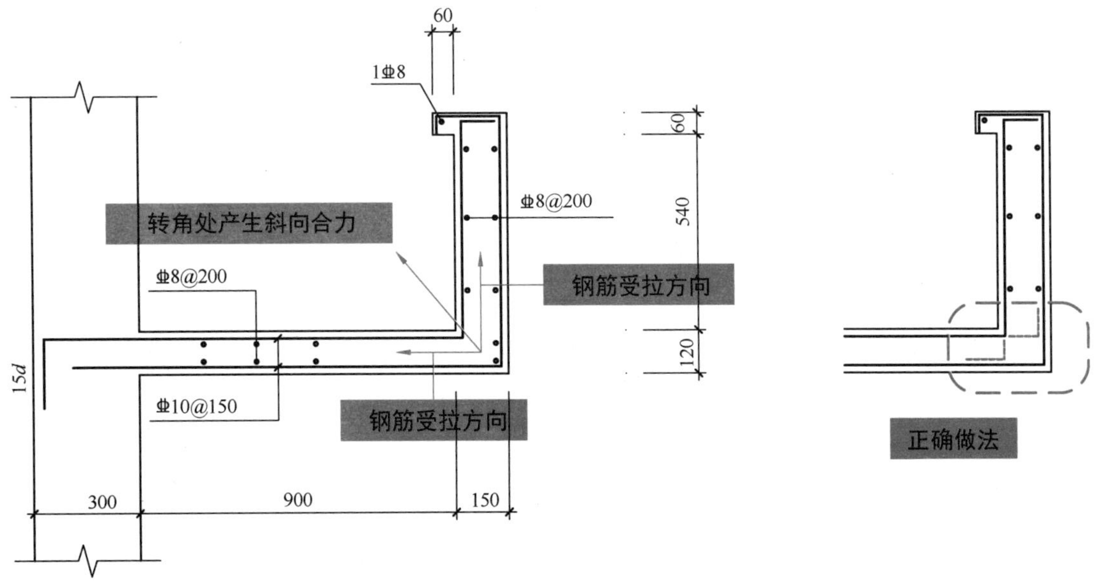

【问题说明】

栏板内侧竖筋应伸至板底弯折锚固，图示锚固在板上皮做法错误。

【问题解析】

栏板内侧竖筋在栏板外推水平力作用下受拉，图示内侧竖筋弯折在板上皮做法，会因为转角位置受拉钢筋的合力使混凝土保护层向外崩出，受拉钢筋将失效。

结构类型	混凝土结构
问题分类	结构构造. 详图
页码	3.7-6

BIAD 结构施工图常见问题解析
北京市建筑设计研究院有限公司

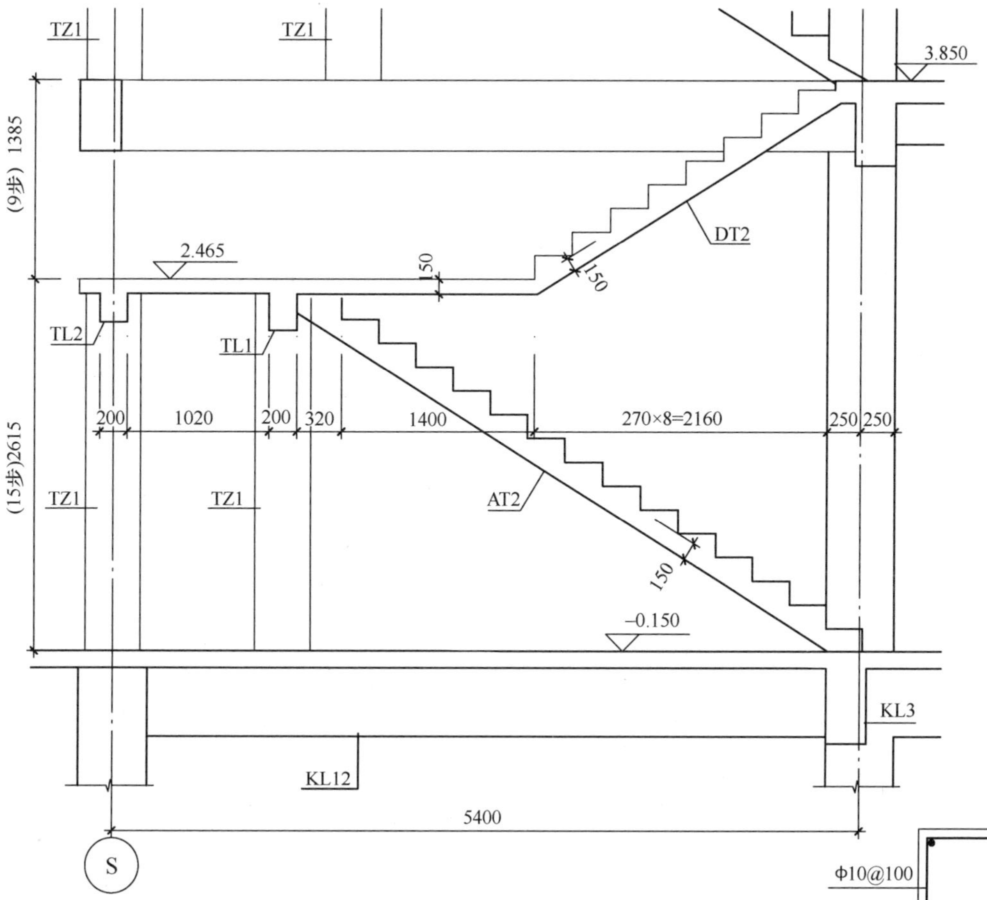

ST−02.1−1剖面图 1:50

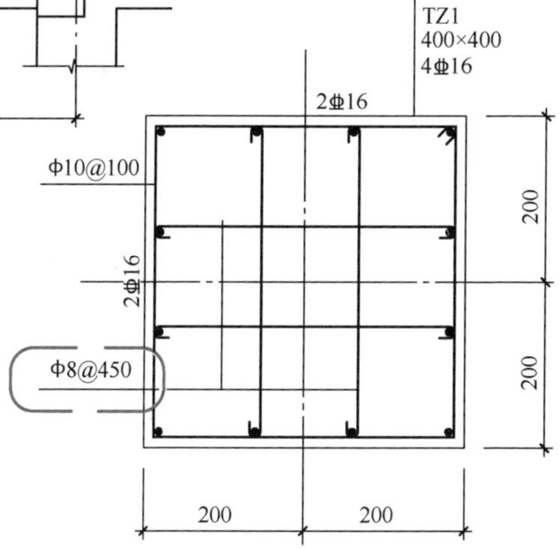

TZ1 1:20
生根于框架梁

【问题说明】

图示框架结构的楼梯与主体结构整体连接，楼梯柱 TZ1 箍筋不满足抗震构造要求。

【问题解析】

楼梯间在地震时是逃生的重要通道，框架结构中与主体整浇的斜梯板对框架刚度影响较大，主体和楼梯自身的地震效应均应考虑其影响。楼梯梁、柱的抗震等级应与框架结构本身相同，图示楼梯柱 TZ1 配箍不满足抗震构造要求。

结构类型 混凝土结构	BIAD 结构施工图 常见问题解析
问题分类 结构构造. 楼梯	
页码 3. 8-1	北京市建筑设计研究院有限公司

结构计算

结构布置

结构构造

设计深度

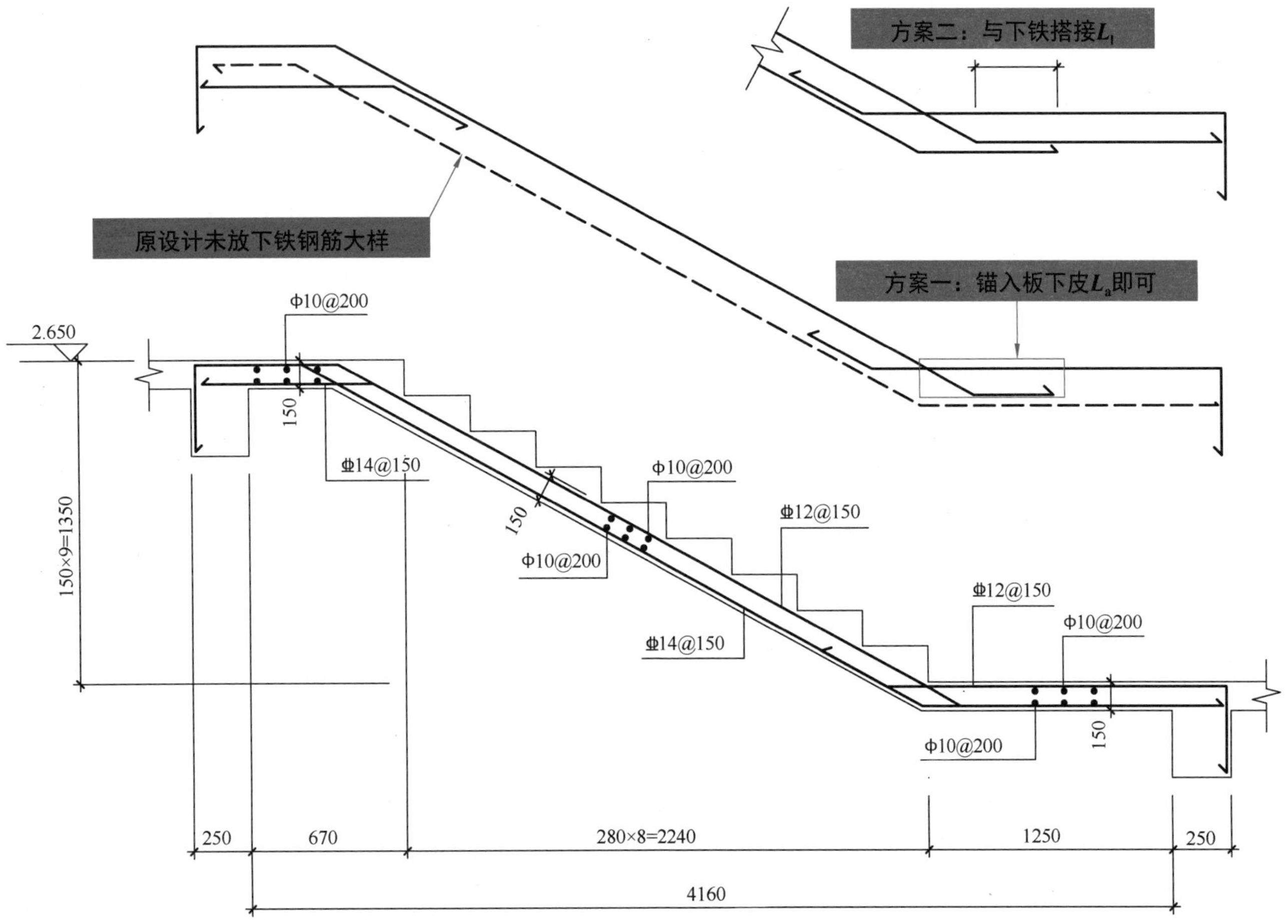

【问题说明】

图示楼梯斜梯段未放下铁大样，设计深度不够。

【问题解析】

原设计斜梯段下铁未放大样，与斜梯段上铁锚入下平直段连接关系不详，方案一可将斜梯段上铁锚入下平直段板 L_a 即可，斜梯段下铁延伸至下支座；方案二可将斜梯段上铁延伸至板下皮并通长到支座，但配筋面积必须满足平直段板受力要求，此时应与斜梯段下铁搭接 L_l 保证受力有效传递。

结构类型	
混凝土结构	BIAD 结构施工图常见问题解析
问题分类	
结构构造. 楼梯	北京市建筑设计研究院有限公司
页码	
3. 8-2	

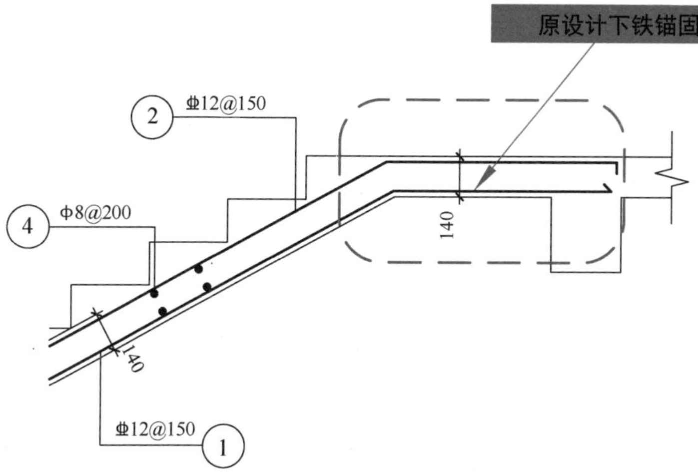

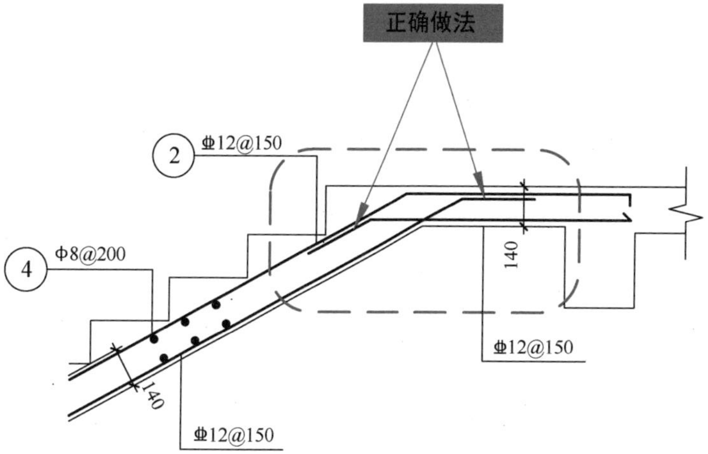

【问题说明】

图示斜梯段下铁在临近支座的上平直段内折角处做法错误。

【问题解析】

地震作用下斜梯段可能会出现全截面受拉，下铁在上平直段内折角处钢筋的合力会使内折角处混凝土保护层向外崩出，所以斜梯段下铁内折角处应按图相互锚固方式伸至板上皮锚固，以保证楼梯的安全。

结构类型 混凝土结构	BIAD 结构施工图 常见问题解析 北京市建筑设计研究院有限公司
问题分类 结构构造. 楼梯	
页码 3.8-3	

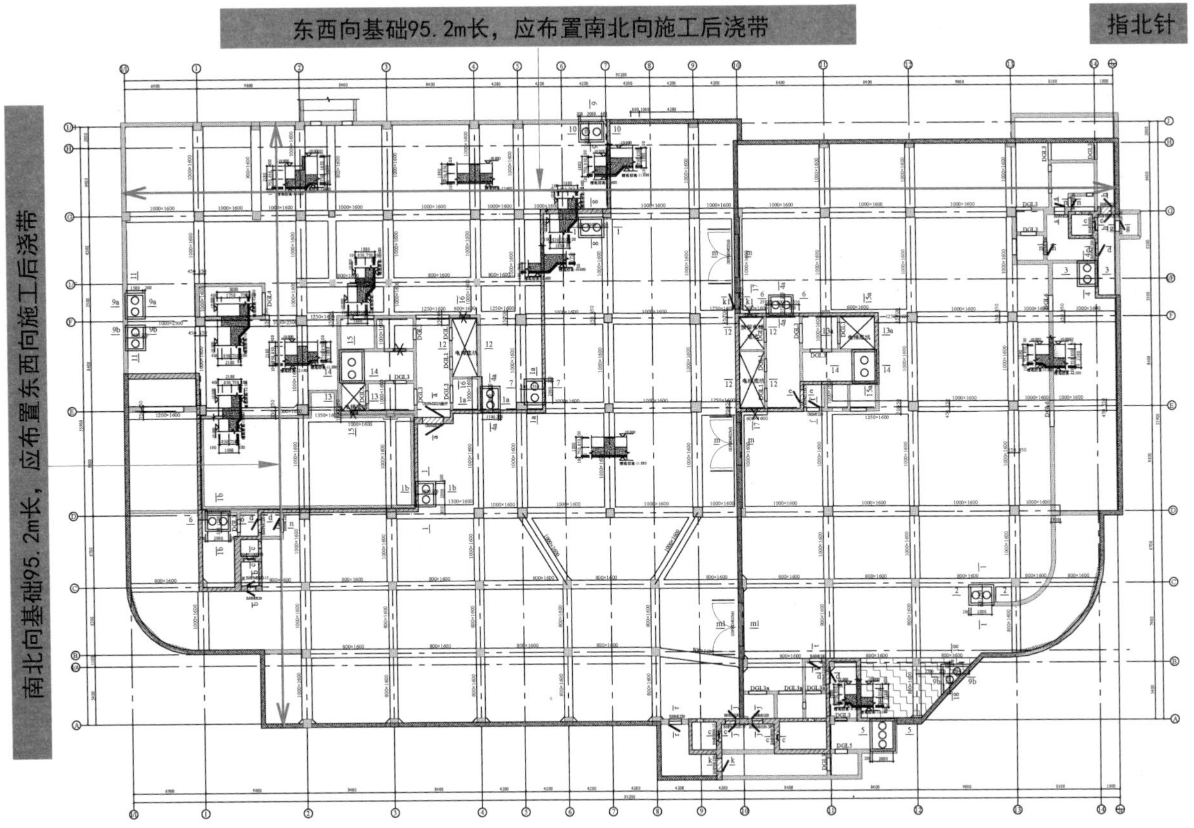

综合实验楼 基础模板平面图

说明：1.未注明地梁依轴线居中布置，墙、柱截面及定位详地下二层墙柱配筋平面。
2.基础底板及地梁采用C35抗渗混凝土，抗渗等级P8；基础垫层为C15素混凝土，厚100mm。
3.±0.000标高为25.500m（绝对高程），除图例所示区域，基底标高-11.700(绝对高程13.800)，槽底标高-11.880（绝对高程13.620）。
4.本工程基础形式为梁板式筏形基础，基础底板厚度为750mm；本楼C轴~J轴区域采用CFG复合地基，基础底面的荷载标准值为360kPa

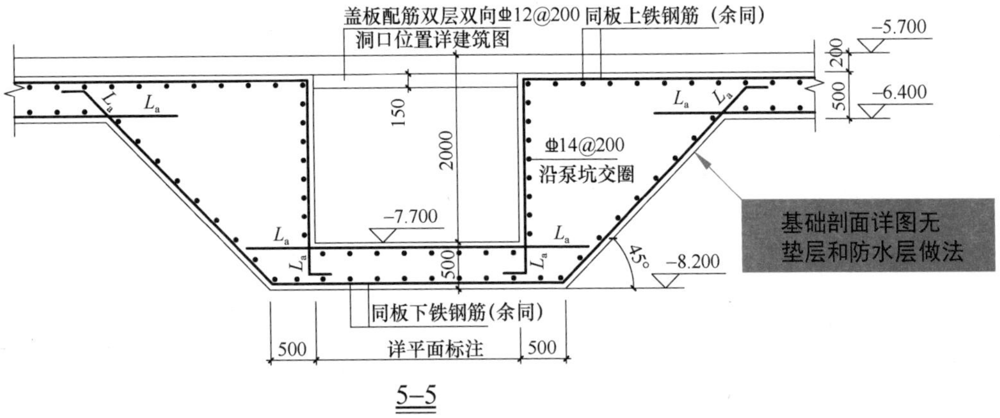

5–5

【问题说明】

图示基础平面图上遗漏指北针、图纸比例，基础剖面大样遗漏垫层和防水层做法，东西向基础95.2m长、南北向基础55.9m长，未布置施工后浇带，设计深度不足。

【问题解析】

为保证设计文件的质量和完整性，应遵守住建部《建筑工程设计文件编制深度规定》的有关施工图纸绘制内容及深度要求。筏形基础长度超过40m时，应按照《高层建筑筏形与箱形基础技术规范》JGJ 6—2011第7.4节要求设置沉降或收缩后浇带，以减小差异沉降或施工期间混凝土收缩对结构的不利影响。

结构类型	
混凝土结构	BIAD 结构施工图常见问题解析
问题分类	
设计深度.基础	
页码	北京市建筑设计研究院有限公司
4.1-1	

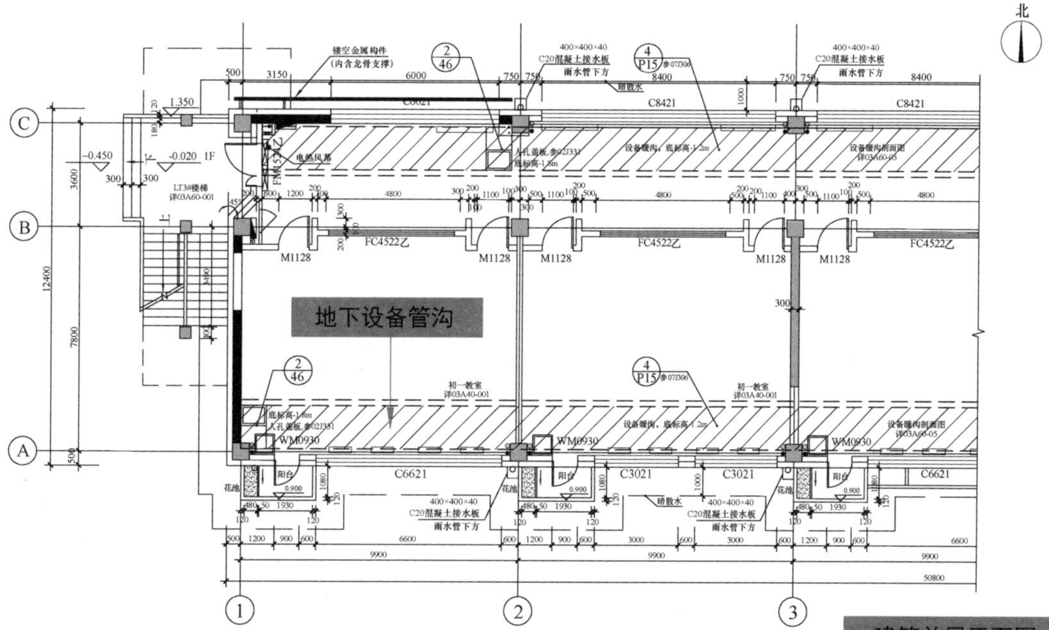

建筑首层平面图

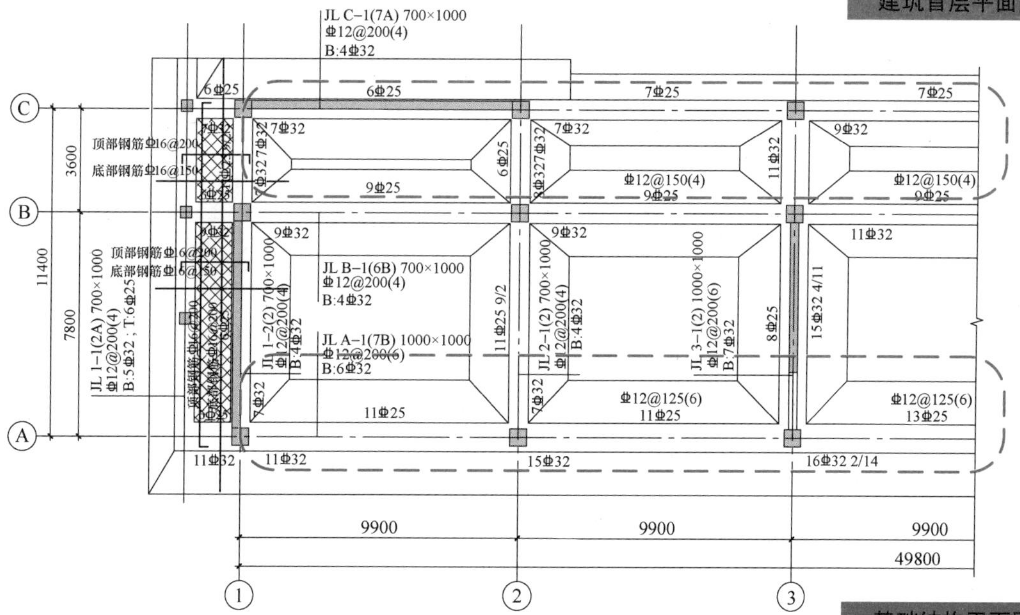

基础结构平面图

【问题说明】

图示地下设备暖沟贴近结构竖向构件布置，基础图遗漏设备暖沟结构设计内容。

【问题解析】

地下设备暖沟贴近结构竖向构件布置，暖沟结构可能与主体结构及基础交叠，应绘制管沟平面及详图，表示暖沟结构与主体结构相互关系。暖沟基础、挡墙、沟盖板、过梁及人孔均应为设计内容，以指导暖沟施工，保证结构安全。

结构类型	
混凝土结构	
问题分类	
设计深度.基础	BIAD 结构施工图常见问题解析
页码	
4.1-2	北京市建筑设计研究院有限公司

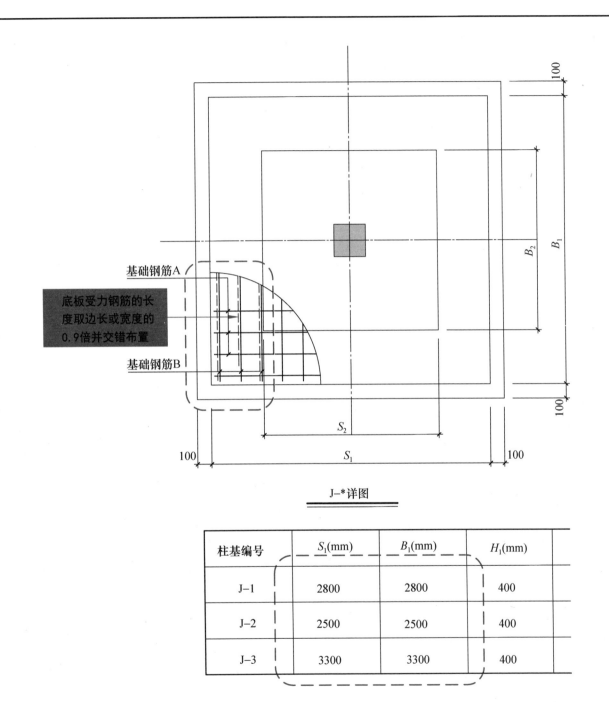

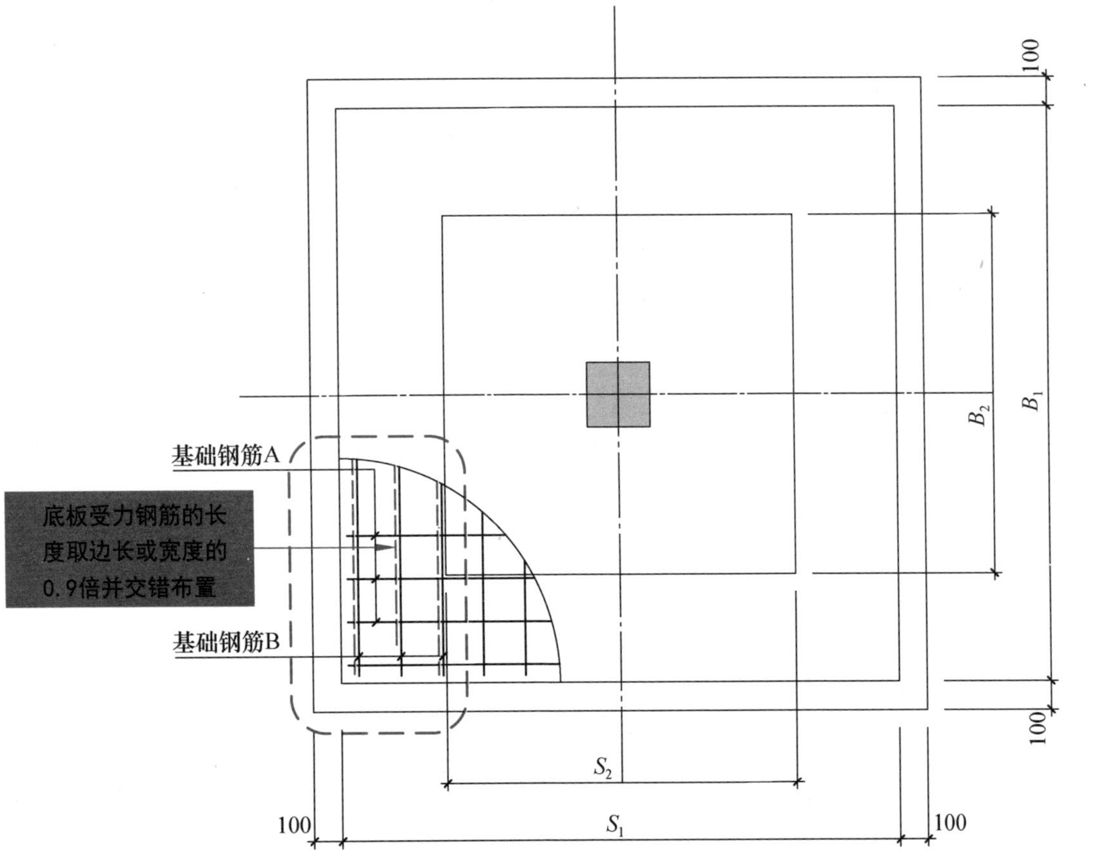

J–*详图

柱基编号	S_1(mm)	B_1(mm)	H_1(mm)
J–1	2800	2800	400
J–2	2500	2500	400
J–3	3300	3300	400

【问题说明】

独立基础边长≥2.5m时，钢筋在该方向的长度每隔一根可减少10％。

【问题解析】

《建筑地基基础设计规范》GB 50007—2011第8.2.1.5条“当柱下钢筋混凝土独立基础的边长和墙下钢筋混凝土条形基础的宽度大于或等于2.5m时，底板受力钢筋的长度可取边长或宽度的0.9倍，并宜交错布置。”独立基础受力如支撑在竖向构件的悬挑板，独立基础的边缘受力较小，基础底板下铁可减小配筋以利节约。

结构类型	BIAD 结构施工图常见问题解析
混凝土结构	
问题分类	
设计深度．基础	
页码	北京市建筑设计研究院有限公司
4.1-3	

墙体配筋表					
符号	名称	墙厚	水平分布筋	竖直分布筋	中间钢筋
	普通地下室挡土墙	400	Φ14@150	Φ25@150	
	普通地下室挡土墙	500	Φ14@150	Φ25@150	Φ10@150
	普通地下室挡土墙	600	Φ20@150	Φ32@150	Φ10@150
	普通地下室挡土墙	500	Φ14@150	Φ25@150	Φ10@150
	普通地下室挡土墙(悬臂式)	400	Φ25@150	Φ25@150	
	普通地下室挡土墙(悬臂式)	600	Φ20@150	Φ32@150	Φ10@150
	普通地下室挡土墙(吊装口)	600	Φ25@150	Φ32@150	Φ10@150

【问题说明】

按单向计算抗弯承载力的悬臂挡土墙，内侧竖向纵筋同外侧竖向纵筋Φ25@150偏于浪费。挡土墙水平钢筋同竖向钢筋均配Φ25@150不合理。

【问题解析】

悬臂挡土墙在侧土压力等荷载作用下，受力形式同单向受力悬挑板，挡土墙外侧竖向钢筋受拉，内侧竖向钢筋受压，水平向为构造钢筋，墙底竖向为受弯、受剪最大处，应根据受力要求配置内外侧竖筋及水平筋，以利节约。

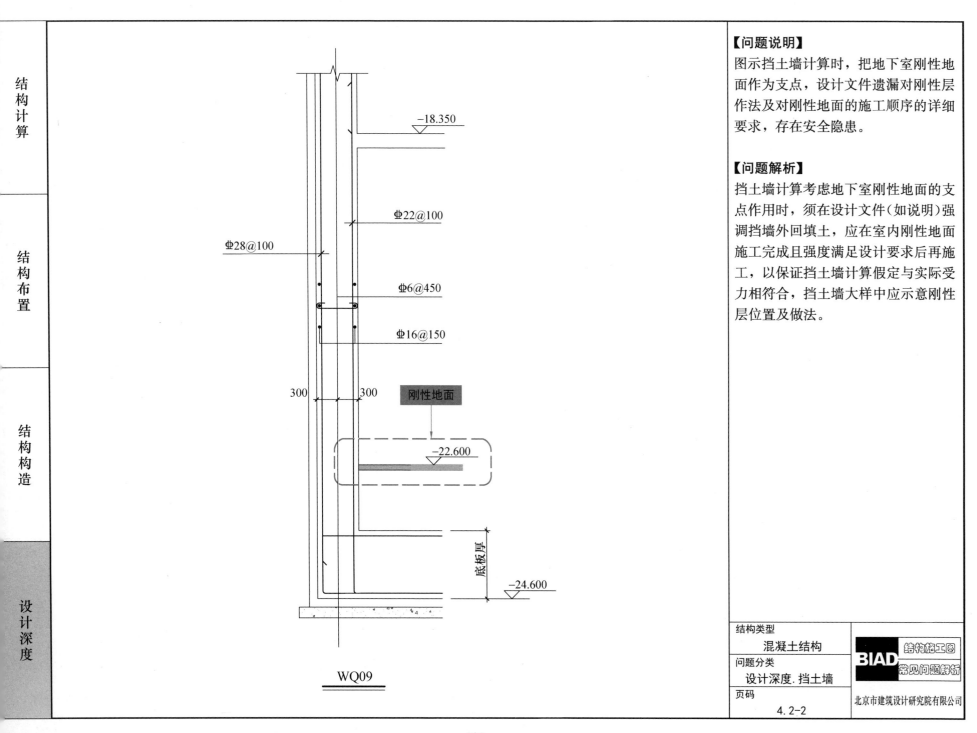

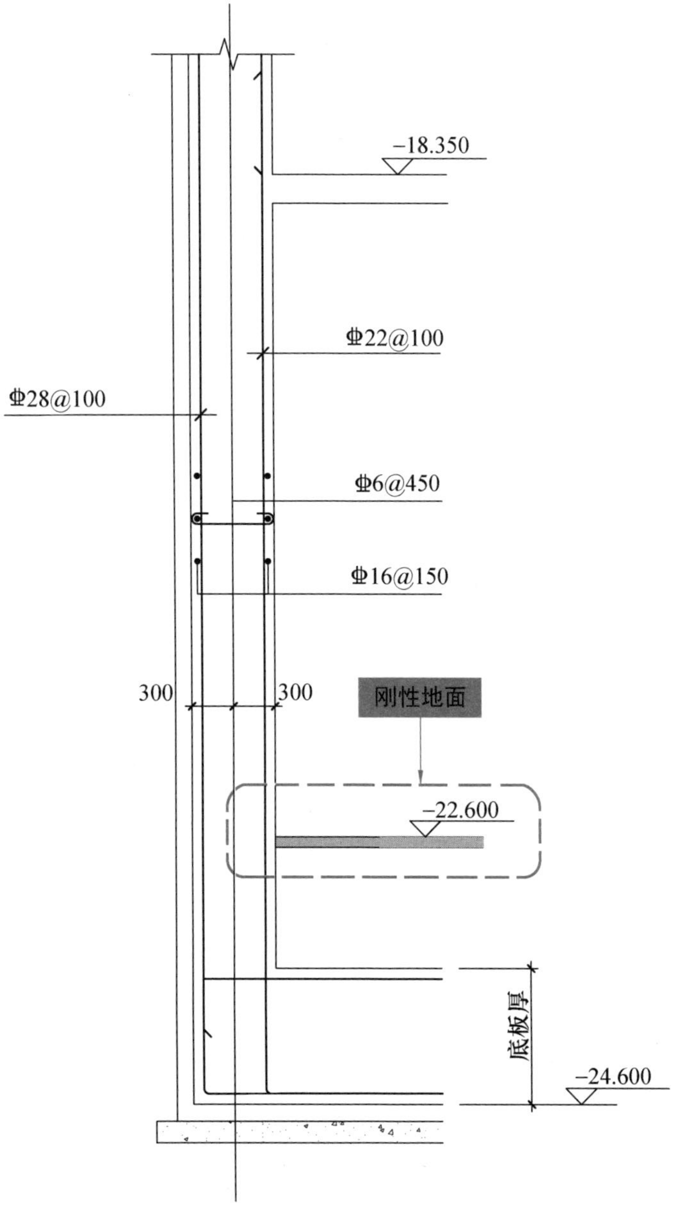

WQ09

【问题说明】

图示挡土墙计算时，把地下室刚性地面作为支点，设计文件遗漏对刚性层作法及对刚性地面的施工顺序的详细要求，存在安全隐患。

【问题解析】

挡土墙计算考虑地下室刚性地面的支点作用时，须在设计文件（如说明）强调挡墙外回填土，应在室内刚性地面施工完成且强度满足设计要求后再施工，以保证挡土墙计算假定与实际受力相符合，挡土墙大样中应示意刚性层位置及做法。

结构类型	
混凝土结构	BIAD 结构施工图 常见问题解析
问题分类	
设计深度. 挡土墙	
页码	北京市建筑设计研究院有限公司
4.2-2	

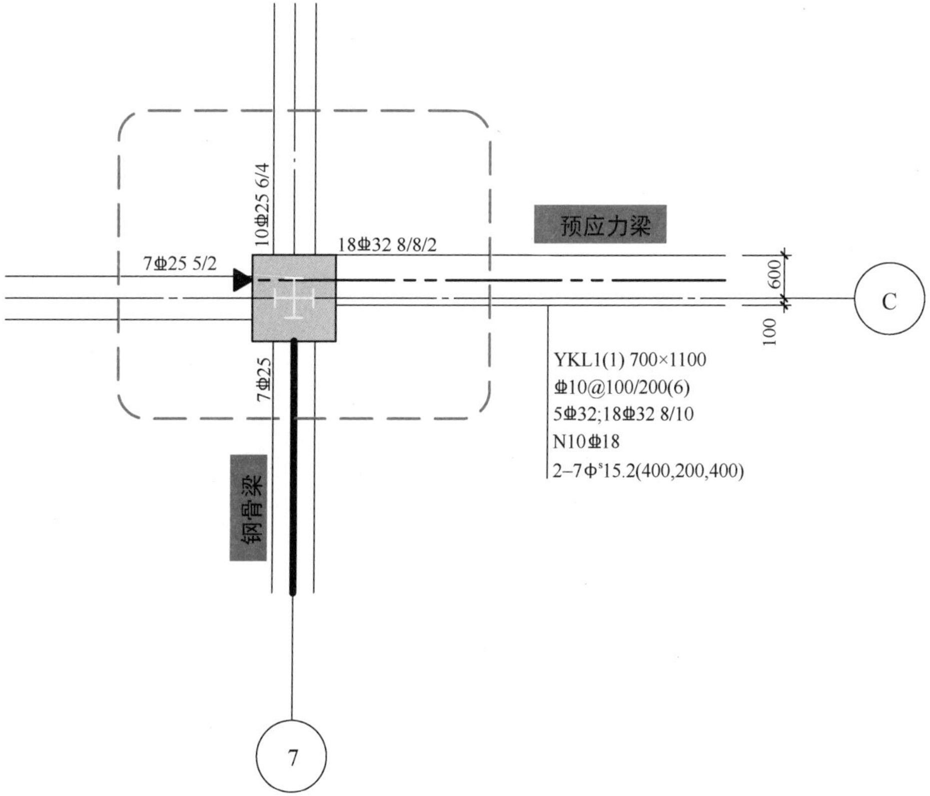

【问题说明】

图示梁柱节点穿行普通钢筋、预应力钢筋及钢骨，梁与柱偏心，且于柱内设置预应力锚具，节点布置复杂，缺少详图不能指导施工。

【问题解析】

图示节点布置复杂，应有详图表示作法，避免节点处柱内钢骨、梁内钢骨、梁内预应力钢筋、各方向梁内钢筋、预应力锚具等出现矛盾，以指导施工。

结构类型 混凝土结构	BIAD 结构施工图常见问题解析 北京市建筑设计研究院有限公司
问题分类 设计深度. 梁	
页码 4. 3-1	

结构计算

结构布置

结构构造

设计深度

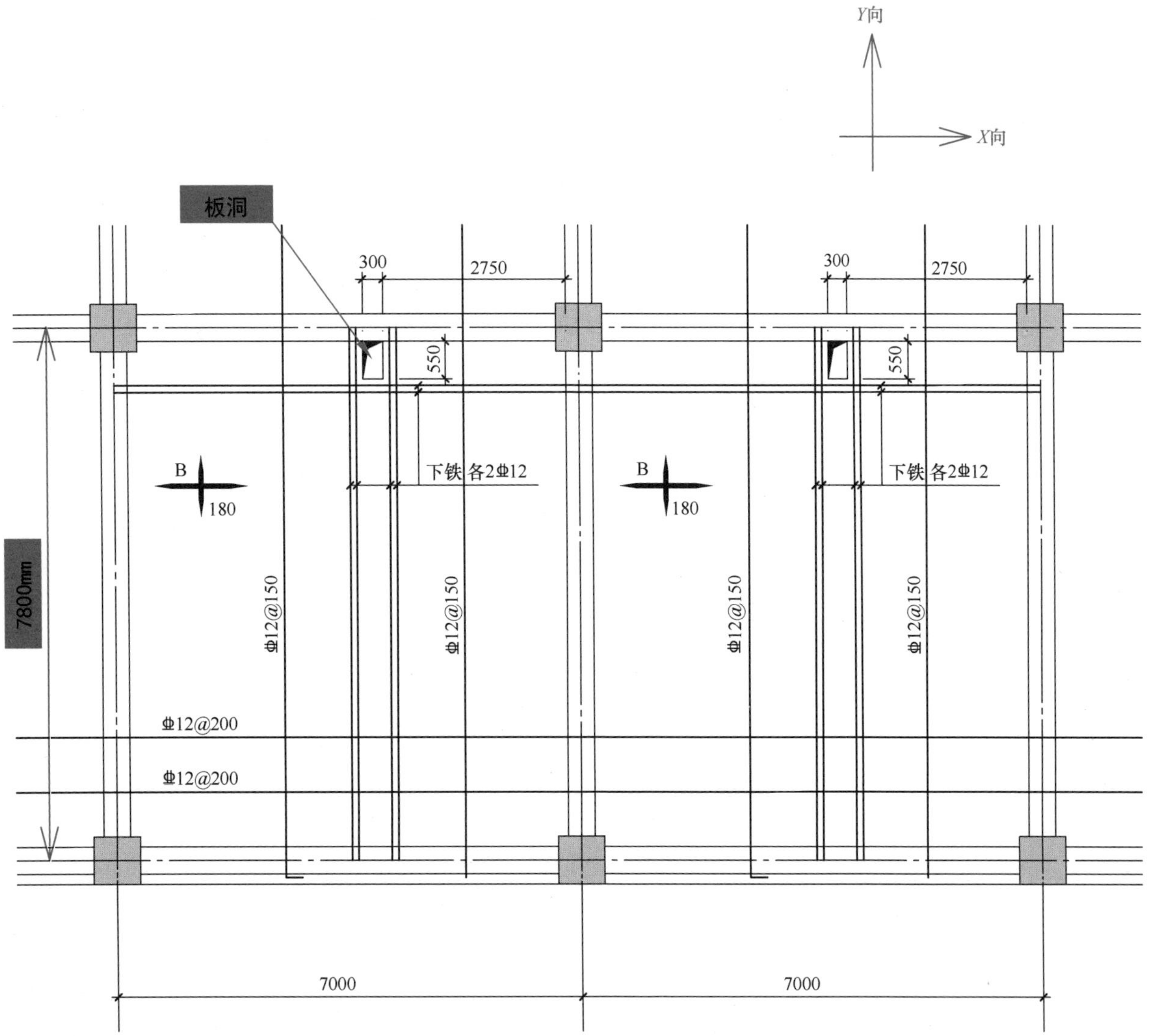

【问题说明】

7000mm×7800mm 双向板在连续支座侧预留 300mm×550mm 板洞，原设计洞边双方补强通长下铁不够合理，洞边 Y 向应补强上铁。

【问题解析】

1. 补强布筋方式应根据洞口大小及所在位置决定。图示洞口位于板连续支座侧中部，此位置板下部受压，垂直支座方向（Y 向）板上部受拉，洞口切断受拉上筋应予补强。
2. 原设计此层楼板双向双面配筋，可于洞口每侧按各自方向洞口切断钢筋的 1/2 面积进行补强，但补强钢筋长度不需通长，自洞边延伸 L_a 即可。
3. 当洞口尺寸不大于 300mm 时，可通过钢筋绕行，不另行加筋。

结构类型	BIAD 结构施工图常见问题解析
混凝土结构	
问题分类	
设计深度. 板	
页码	北京市建筑设计研究院有限公司
4.4-1	

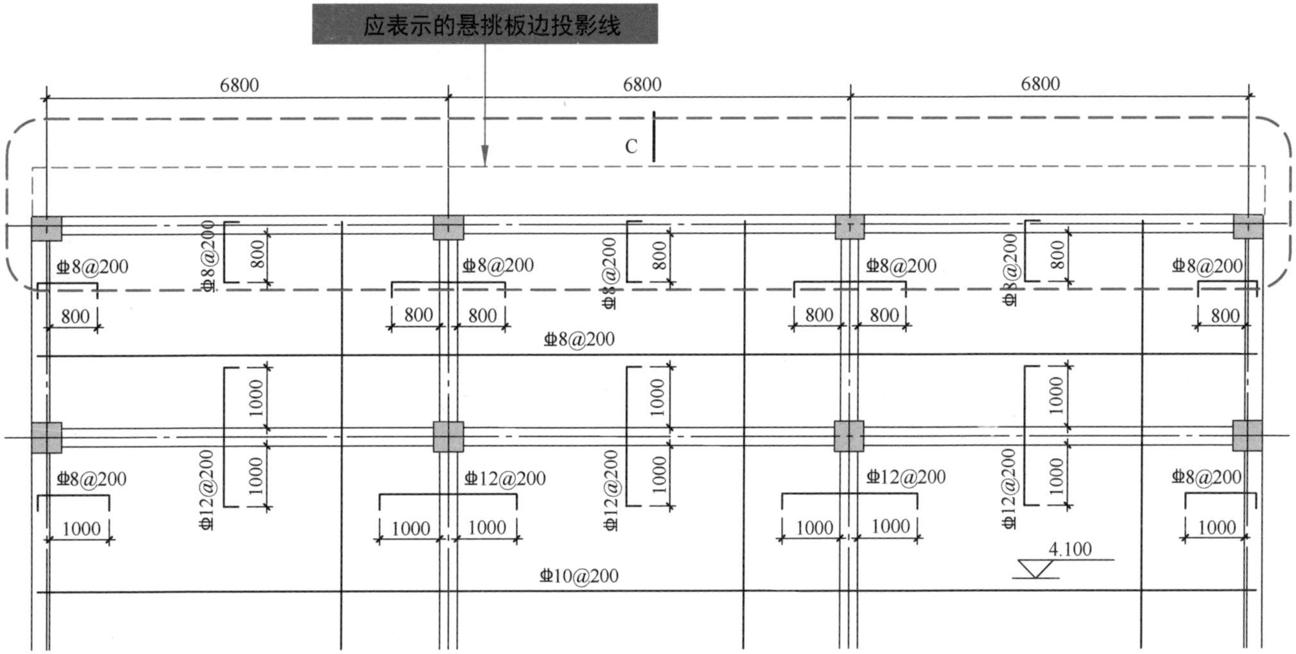

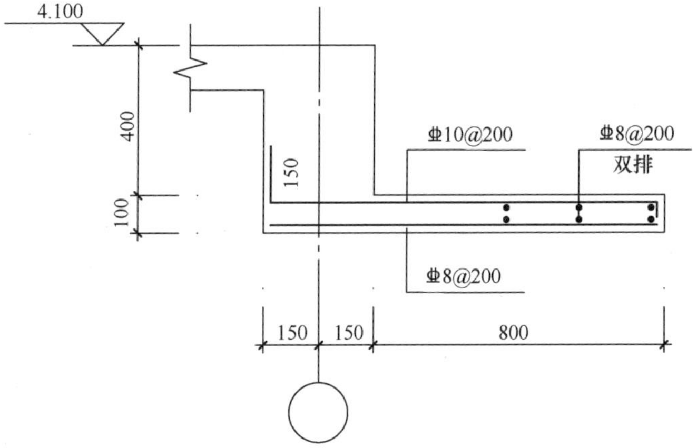

C–C 1:20

【问题说明】

C 剖面悬挑板在平面中应有投影线。

【问题解析】

依照《建筑结构制图标准》GB/T 50105—2010 第 2.0.9 条规定，结构平面图应采用正投影法或仰视投影法绘制。悬挑板边应为可视线，平面中应表示。

结构类型	BIAD 结构施工图常见问题解析
混凝土结构	
问题分类	
设计深度. 板	
页码	北京市建筑设计研究院有限公司
4.4-2	

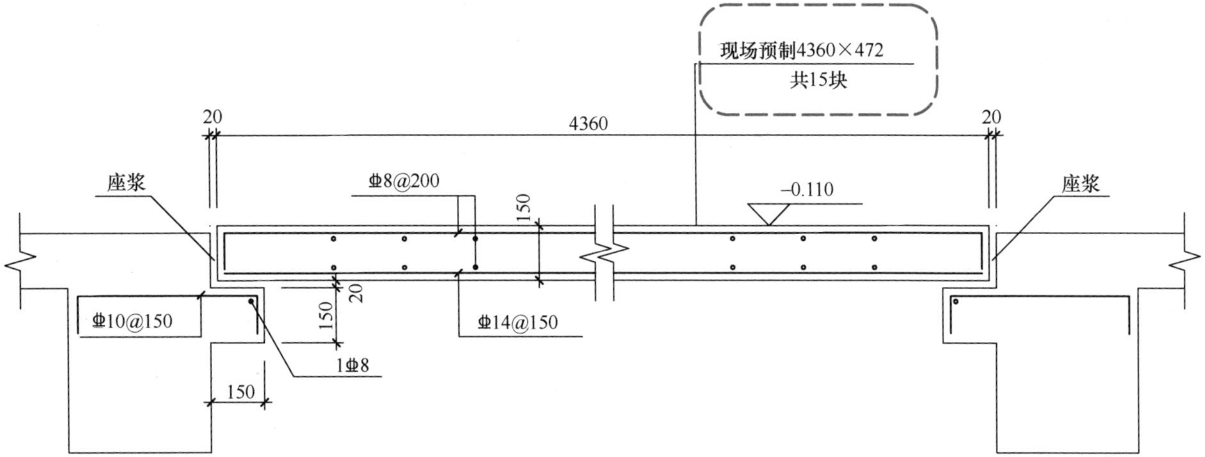

【问题说明】

图示预制板遗漏施工吊环规格及设置位置。

【问题解析】

预制板应设计施工吊装工况，以保证施工吊装时预制板的完好，并与使用阶段工况包络配筋，施工图应给出吊环规格和位置。否则应按在板中部起吊的最不利位置进行核算，以保证吊装安全。

结构类型	BIAD 结构施工图常见问题解析
混凝土结构	
问题分类	
设计深度. 板	
页码	北京市建筑设计研究院有限公司
4.4-3	

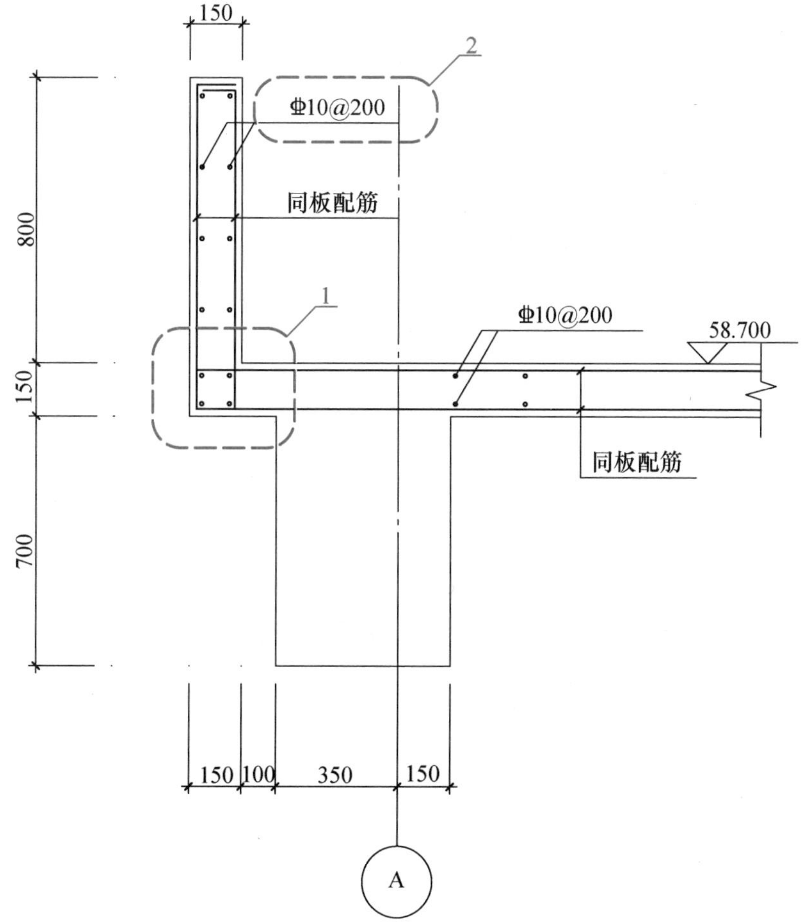

【问题说明】

1. 栏板竖筋与楼板钢筋锚固连接做法不清晰。
2. 栏板水平分布筋宜按细而密的原则配置钢筋。

【问题解析】

1. 栏板内侧竖筋受拉，需通过锚固把拉力有效传至支座梁或楼板中，应明确做法防止施工做错。
2. 由于栏板水平向较长，栏板水平分布筋宜选细而密钢筋，可更有效地防止栏板出现收缩裂缝或减小裂缝宽度。

结构类型 混凝土结构	BIAD 结构施工图常见问题解析 北京市建筑设计研究院有限公司
问题分类 设计深度. 详图	
页码 4. 5-1	